Olav Seidel
Bau-Check statt Bau-Schock

Was beim Kauf oder Bau von neuem Wohneigentum beachtet werden sollte!

Olav Seidel, 1961 in Hannover geboren, ist selbständiger Architekt, Dozent an der HWK-Osnabrück und veröffentlicht seit vielen Jahren Artikel zu Bau-, aber auch zu gesellschaftlichen Themen (bereits erschienen: „Wir, Gott und die Welt" ist sein erstes Sachbuch, in dem er sich mit den gesellschaftlichen Fragen, die ihn seit Jahren bewegen, intensiv auseinandersetzt).

In „Bau-Check statt Bau-Schock" versucht er, seine über 30-jährigen Erfahrungen im Wohnungsbau (davon 25 Jahre im Schlüsselfertigbau) für Bauinteressierte zusammenzufassen.

Bibliografische Information der Deutschen Nationalbibliothek:
Die Deutsche Nationalbibliothek verzeichnet diese Publikation
in der Deutschen Nationalbibliografie; detaillierte bibliografische
Daten sind im Internet über dnb.dnb.de abrufbar.

Herstellung und Verlag: BoD – Books on Demand, Norderstedt

ISBN 978-3-7494-4961-3

Olav Seidel
Bau-Check statt Bau-Schock

Inhaltsverzeichnis

Die nachfolgenden Ausführungen sollen Bauinteressierten einen Leitfaden an die Hand geben, mit dem sie Ihre Baumaßnahme sinnvoll und so reibungslos wie möglich abwickeln können.
Es besteht kein Anspruch auf Vollständigkeit. Vertiefende Informationen zu den einzelnen Themen sind in großem Umfang überall erhältlich. Auch Vorschriften ändern sich in Deutschland ständig.
Es werden die Unterschiede aufgezeigt, die sich ergeben, wenn das Bauvorhaben mit einem Bauträger oder stattdessen mit einem Architekten geplant und gebaut wird.

Welchen Qualitätsanspruch dürfen wir erwarten?

Qualität setzt heute jedermann voraus, egal, ob er Konsumgüter kauft oder einen Handwerker beschäftigt. Woher kommt dieser Anspruch?
Zu Beginn der industriellen Revolution waren die Löhne niedrig und die Rohstoffe knapp. Dies galt insbesondere für die Zeit nach dem 2. Weltkrieg. Was lag da näher, als mit den Rohstoffen sparsam umzugehen und die Produkte mit der notwendigen Sorgfalt herzustellen. Man nahm sich Zeit für seine Arbeit und konnte, auf Grund der hohen Qualität, zunehmend hohe Preise erzielen. Qualität war selbstverständlich geworden. Deutsche Wertarbeit war weltweit ein Begriff und „Made in Germany" bei der Konkurrenz gefürchtet.
Mit wachsendem Wohlstand stiegen die Löhne. Die Preise konnten jedoch weitgehend konstant gehalten werden, weil die höheren Lohnkosten zunächst durch sinkende Rohstoffpreise ausgeglichen werden konnten. Mit zunehmendem Lebensstandard wuchs der Konsum, die Preise fielen, und es stand immer weniger Zeit für die Herstellung der Produkte und für handwerkliche Leistungen zur Verfügung.
Die zunehmende Globalisierung und die Finanzkrise verstärken diesen Effekt auch heute noch zusätzlich.
„Geiz ist geil" wurde zum Schlagwort einer neuen Generation. Nur an dem Qualitätsanspruch hatte sich grundsätzlich nichts geändert.
An den Kriterien für Qualität änderte sich jedoch auch nichts:
Der Bau eines Hauses erfordert ausreichend Zeit für die Erbringung der geforderten Leistung. Außerdem muss ein angemessener Preis gezahlt werden. Verändert man eines dieser Kriterien, hat dies Auswirkungen auf die anderen. So kann *weniger* ***Zeit***

bei gleichbleibender ***Qualität*** durch einen *höheren Preis* ausgeglichen werden (z.B. ermöglicht ein höherer Preis den verstärkten Einsatz von Maschinen oder die Zahlung von Überstundenzuschlägen), ein *niedrigerer* ***Preis*** kann durch *mehr Zeit* ausgeglichen werden (z.B. Einsatz von Personal in freien Zeiten).
Heute wird eine Leistung oder ein Produkt zu einem geringen Preis, in kürzester Zeit und ohne Einschränkung bei der Qualität erwartet.
Diese Erwartung kann nur enttäuscht werden.
Das Handwerk hatte nach Abschaffung der Subventionen (z.B. der Eigenheimzulage) im Wohnungsbau schwere Zeiten zu überstehen. Die Aufträge blieben aus, die Preise waren schlecht und die Arbeit unattraktiv. Immer weniger junge Leute ließen sich in einem Handwerksberuf ausbilden. Die Anforderungen an die Qualifikation der Handwerker wurden daher in vielen Bereichen gesenkt.
Für manche Gewerke bestehen daher keine oder nur noch geringe Voraussetzungen, um einen Betrieb zu eröffnen. Gleichzeitig sind die Anforderungen an Handwerker aber tatsächlich dramatisch gestiegen. Für die Nachfrage an Bauleistungen steht häufig nicht genügend ausgebildetes Personal zur Verfügung. Diese Entwicklung wird sich auch in den kommenden Jahren kaum verbessern. Bei gleichbleibender Nachfrage ist eher mit weiteren Verschlechterungen zu rechnen.
Dies führt zu nachlassender Qualität, längeren Bauzeiten und kann durch die ebenfalls steigenden Preise nur noch bedingt aufgefangen werden. Die Kunden werden ihre Ansprüche dem Angebot anpassen müssen, andernfalls wird es eine Vielzahl an Gerichtsverfahren geben, die die negative Entwicklung eher noch beschleunigen werden. Niemand wird sich freiwillig als Sündenbock für die Versäumnisse der Vergangenheit bestrafen lassen.
Nicht zu vergessen bleibt, dass viele handwerkliche Leistungen bei Wind und Wetter und in der Regel nicht in Serie erbracht werden. Man sollte also immer berücksichtigen, dass selbst die Industrie (z.B. die Autoindustrie) bei Prototypen unter gleichbleibenden Bedingungen nicht auf Anhieb mängelfreie Produkte herstellt.
Die Beseitigung von optischen Beeinträchtigungen ist häufig unverhältnismäßig und in einem Zeitalter sich verknappender Ressourcen fast immer aus volkswirtschaftlichen Überlegungen möglichst zu vermeiden. Wenn ich zurückdenke, wieviel Verglasungen auf Grund kleiner Kratzer ausgewechselt wurden, die zwar schon außerhalb der Norm lagen, aber im Zweifelsfall ein

paar Wochen später im Zuge der sich wiederholenden Reinigungsarbeiten ohnehin entstanden wären, kommen mir erhebliche Zweifel, ob man sich da nicht anders hätte einigen können. Ganz anders bei Mängeln, die die Gebrauchstauglichkeit nachhaltig beeinträchtigen.

Wer baut meine Neubauwohnung?

Wenn Sie eine Neubauwohnung kaufen wollen, sind Sie in der Regel auf einen Bauträger (auch Schlüsselfertigbauer oder vereinzelt Generalunternehmer) angewiesen.

Bei Bauträgern gibt es große Unterschiede.

Da sind auf der einen Seite die klassischen Planungsbüros, die sich ausschließlich fremder Handwerksbetriebe bedienen, und ihre Leistungen denen des Architekten anpassen, ohne dass sie dafür zwingend entsprechend qualifiziertes Personal stellen müssen.

Hinter vielen Bauträgern verbergen sich Bauunternehmen. Diese können unterschiedlich groß sein.
Große Bauunternehmen verfügen in der Regel über eigene Fachingenieure, wie Architekten für die Planung und/oder Bauingenieure, die Fachgebiete, wie die Erstellung der Statik, der notwendigen Energieeinsparnachweise, des Brandschutzes und die „Technische Ausrüstung" (Heizung, Sanitär, Elektro, Lüftung) beherrschen. Sie bekommen als Kunde dann die Planung und Ausführung aus einer Hand.
Solche Bauunternehmen verfügen über große Erfahrungen bei der Umsetzung von Wohnungsbauprojekten, aber auch im Umgang mit Bauenden. Die Durchsetzung von Bauinteressen können sich daher im Streitfall als schwierig erweisen, zumal derartige Unternehmen über große finanzielle Reserven verfügen und auf die Zahlung ihrer Kunden nicht in jedem Fall zwingend angewiesen sind.

Auf der anderen Seite gibt es die eher kleinen Handwerksbetriebe (das können, je nach Haustyp, auch Holzbaubetriebe sein), die vorrangig an einzelnen Gewerken, meistens den Rohbaugewerken, interessiert sind. Die Nachfolgegewerke werden

zwangsläufig, neben der Planung und Bauleitung, auch mit angeboten.
Diese Firmen kalkulieren ihre Bauten knapp und finanzieren nicht selten aus den Einnahmen bereits laufender Projekte die Kosten (z.B. Grundstückkäufe) für neue Projekte.
Häufig haben sie keine eigenen Architekten und verwenden deshalb bestehende Planungen mehrfach, was kein Nachteil sein muss, dem jeweiligen Objekt aber eben auch kein Alleinstellungsmerkmal verleiht und nicht immer den aktuellen Trends entspricht.
Bei den bereits erwähnten Fachingenieurleistungen wird gerne gespart. Hier werden häufig Fachfirmen oder Hersteller mit der Planung und Ausschreibung der Gewerke beauftragt. Die Qualität ist dabei sehr unterschiedlich, da die Fachfirmen/Hersteller in der Regel ein wesentlich geringeres Honorar erhalten. Teilweise werden ihre Leistungen gar nicht vergütet, z.B. wenn sie als Anerkennung für die Ausarbeitung den Auftrag für die entsprechenden Arbeiten bekommen.
Diese Vorgehensweise kann sich im Preis bemerkbar machen, jedoch verzichten die Bauträger, bei guter Baukonjunktur, auch gerne darauf, den Preisvorteil an ihre Kunden weiter zu geben.
Kleinere Bauunternehmen haben häufig auch keine qualifizierten Bauleiter. Es ist nicht ungewöhnlich, dass die Inhaber dieser Unternehmen (meist Maurermeister oder Bauingenieure) diese Aufgabe mit übernehmen. Da sie aber vorrangig an den Rohbauarbeiten interessiert sind, werden die Nachfolgearbeiten häufig vernachlässigt. Auch geeignete Pläne fehlen in vielen Fällen auf der Baustelle.
In jedem Fall sollte man vor Vertragsabschluss klären, wie lange der Bauträger bereits am Markt ist, sich Referenzen geben lassen und nachfragen, welche Qualifikation der Bauleiter aufweist.

Grundsätzlich sollten beim Kauf einer Eigentumswohnung alle wesentlichen Leistungen, die das Gemeinschaftseigentum betreffen (also Außenanlagen, Treppenhäuser, Allgemeinkeller etc.) enthalten sein. Maler- und Bodenbelagsarbeiten werden auch bei Eigentumswohnungen gerne dem Käufer überlassen. Dies sollte man beim Vergleich von Angeboten prüfen. Einige Anbieter lassen auch wesentliche Teile der Außenanlagen (z. B. auf den Erdgeschosswohnungen zugeordneten Sondernutzungsflächen, aber auch beim Gemeinschaftseigentum), wie Bepflanzungen, Einzäunungen etc. weg.

Hausanschlüsse sollten in jedem Fall in den vertraglichen Leistungen enthalten sein.
Das Angebot enthält häufig Standardlösungen, die später durch zusätzliche Angebote ergänzt werden müssen.
Neben den Bauunternehmen gibt es natürlich auch Anbieter, die sich mit klassischen Planungsbüros vergleichen lassen, also über zahlreiche der o.a. Architekten und Fachingenieure im eigenen Hause verfügen bzw. entsprechend mit Fachingenieurbüros vernetzt sind und unabhängig von Handwerksunternehmen planen und bauen lassen.
Genauso, wie bei den Bauunternehmen, gibt es auch hier große Unterschiede, die man im Vorfeld prüfen sollte, wenn man Wert auf eine sorgfältige Planung und Bauleitung legt.

Wie sollte eine Eigentumswohnung ausgestattet sein?

Der Wiederverkaufswert von Eigentumswohnungen mit weniger als 3 Zimmern ist (außer in sehr großen Städten – und auch dort nur aus Kostengründen) vergleichsweise geringer. Solche Wohnungen werden, ohne Not, in der Regel nicht selber genutzt und sind daher häufig auch nur an wechselnde Bewohner zu vermieten.
Eine Eigentumswohnung sollte, wenn möglich, auch über ein Gäste-WC verfügen. Eine zusätzliche 2. Dusche im Gäste-WC ist dagegen bei dieser Größe entbehrlich, da Gäste in 3-Zimmerwohnungen selten längerfristig beherbergt werden.
Offene Küchen werden immer beliebter, haben aber auch ihre Nachteile. Häufig fehlt die Wand als Stellmöglichkeit für Tische und andere Möbel in beiden angrenzenden Räumen, die Küche muss, je nach eigenem Anspruch, häufiger aufgeräumt werden und Gerüche verteilen sich in der ganzen Wohnung. Dafür bieten sie ein großzügiger wirkendes Raumangebot.
Bäder sollten, allerdings nur im Erdgeschoss oder in Häusern mit Aufzug, über eine möglichst barrierefreie Dusche und ausreichend breite Türen verfügen (siehe auch „Barrierefreies Bauen").
Badewannen werden meist nur von jungen Familien genutzt, ältere Leute haben dafür häufig weniger Verwendung, da Sie bei zunehmend eingeschränkter Mobilität den Einstieg in die Badewanne immer seltener schaffen.
Zu einer modernen Eigentumswohnung gehört eine Terrasse oder ein Balkon. Der Freisitz sollte so groß sein, dass man 2 Liegen oder einen kleinen Tisch mit 4 Sitzplätzen aufstellen kann

(ca. 2,50 x 2,50 m). Balkon oder Terrasse sollten optimalerweise zum leichteren Transport von Balkon-/Terrassenmöbeln über eine doppelflügelige Tür ohne Mittelpfosten zu erreichen sein.
Im Schlafzimmer sollten sich 3,00 m Schrankwand aufbauen lassen. Dazu muss die Raumbreite/-tiefe mind. 3,06 m betragen, da für Putz und Fußleisten noch ca. 5 cm zu berücksichtigen sind. Als Laufweg sollten dann vor dem Schrank bzw. um das Bett mind. 75 cm breite Flächen verbleiben. Das kleinstmögliche Schlafzimmer für 2 Personen ist bei optimaler Lage der Tür und des Fensters dann mindestens 3,41 x 3,56 m oder 3,06 x 4,16 m groß, wenn ein 2,00 x 2,00 m großes Bett unter diesen Vorgaben hineinpassen soll.
Gäste oder Arbeitszimmer können je nach Nutzung beurteilt werden. Raumgrößen deutlich unter 10 qm sind dabei eher weniger geeignet.
Flure baut man möglichst so groß, dass man mindestens eine Wandgarderobe, besser noch eine Garderobe mit 60 cm Tiefe, unterbringen kann.
Eine Eigentumswohnung braucht in jedem Fall einen Abstellraum. Hier wird die im Plan eingetragene Größe und Nutzungsmöglichkeit häufig noch durch Einbauten (wie Unterverteilungen, Installationsschächte usw.) eingeschränkt. Bei Planunterlagen ohne Installationsschächte sollte man daher vor Vertragsabschluss klären, welche Ergänzungen diesbezüglich noch zu erwarten sind. Geschuldet sind, je nach Bauordnung, inkl. Keller- oder Bodenraum, mindestens 6 qm.
Auch bei der Raumhöhe wird gerne gespart. Üblich sind Raumhöhen um ca. 2,50 m.
Grundstücke werden in der Regel maximal ausgenutzt. Man macht sich deshalb besser vor Vertragsabschluss bewusst, welche Abstände zu Nachbarwohnungen/-Häusern, bestehender Bebauung und Straßen geplant sind und wie die Topographie des Geländes im fertigen Zustand aussieht. Es gibt Objekte, bei denen man auf seiner Terrasse in jeder Hinsicht sehr ungeschützt sitzt. Auch Tiefgaragenabfahrten liegen vereinzelt unmittelbar neben dem Freisitz.
Häufig ist auch eine, meist nicht im Vertrag enthaltene, Terrassentrennwand sinnvoll, die nach dem Bezug der Wohnung nur schwer zu realisieren ist, weil eine geeignete Fundamentierung bei unterkellerten Gebäuden nur noch mit großem Aufwand möglich ist oder der Nachbar ganz andere Vorstellungen von dieser Trennwand hat. Teilweise müssen sogar alle Miteigentümer

zustimmen, da es sich bei solchen Wänden um Gemeinschaftseigentum handeln kann.

Wer baut mein Einfamilienhaus?

Wer baut mein Einfamilienhaus, Architekt oder Bauträger? Diese Frage stellt sich jedem zukünftig Bauenden.

Grundsätzlich müssten alle Anbieter die gleichen Leistungen erbringen und somit auch zu annähernd identischen Preisen kommen, zumal sie alle regional mit mehr oder weniger den gleichen Firmen zusammenarbeiten. Trotzdem unterscheiden sich die Baukosten häufig dem Anschein nach, da oft unterschiedliche Leistungen angeboten und miteinander verglichen werden.

Die Architekten sollten in der Regel die Interessenvertreter der Bauenden sein, Bauträger verfolgen tendenziell eher Ihre eigenen Interessen.
In jedem Fall macht es Sinn, bei der Dauer der Zusammenarbeit, Absprachen festzuhalten. Niemand kann sich nach 1-2 Jahren noch an den genauen Sachverhalt erinnern, außerdem hilft es Missverständnisse zu vermeiden.
Das bedeutet nicht, dass mündliche Absprachen die Ausnahmen sein sollten. Vielmehr sollte ein Gespräch immer der 1. Schritt sein, sein Anliegen mitzuteilen, schon um Missverständnisse zu vermeiden.
Bauträger stehen im Wettbewerb und müssen daher, insbesondere in schlechten Zeiten, knapp kalkulieren, was umfangreiche Besprechungen und Anpassungen bei der Planung eher schwierig macht und daher nicht selten zu Mehrkosten führt. Hier sollte man die Bereitschaft des Bauträgers zur Befriedigung der individuellen Ansprüche der Bauenden frühzeitig abklären, ihn dann allerdings auch in die Pflicht nehmen. In jedem Fall sollten häufige Änderungen möglichst vermieden werden. Sie führen in aller Regel zu Mehrkosten.

Wie unterscheidet sich der Leistungsumfang zwischen Bauträgern und Architekten?

Bauträger bieten ihre Leistungen, insbesondere bei 1-Familienhäusern, häufig nur bis Außenkante Haus an. Entwässerungsleitungen zur Straße sind dann nicht im Angebot enthalten. Auch Maler- und Bodenbelagsarbeiten werden oft in dem Angebot nicht berücksichtigt. Unberücksichtigt bleiben ggf. auch weitere Kosten, wie Hausanschlüsse, Außenanlagen und manchmal auch die Abfuhr des Aushubs für den Keller usw.
Bei Mehrfamilienhäusern sind Außenanlagen zwar häufig in den Kosten enthalten, dafür fehlen aber oft Hecken oder Zäune zu Nachbargrundstücken, die nicht selten einen unbefriedigenden Anblick bieten. Auch die Bearbeitung von Nachbarwänden auf der Grundstücksgrenze, die besonders dann unansehnlich sind, wenn vorhandene Gebäudeteile im Zuge des Neubaus abgebrochen wurden, sind häufig nicht Bestandteil der Leistung.

Grenzwand nach Abbruch der vorhandenen Nebengebäude

Dies ist nachvollziehbar, weil Bauträger im Wettbewerb stehen. Bei den angebotenen Leistungen handelt es sich häufig um Standardlösungen, die später durch zusätzliche Angebote ergänzt werden müssen. Scheinbar mitangebotene Zusatzleistungen sollte man kritisch hinterfragen, sind sie doch eher die Ausnahme und nicht selten ohnehin alternativlos oder vorgeschrieben.

Man sollte also zunächst möglichst genau prüfen, was man benötigt und sich *diese* Leistungen *im Vorfeld* anbieten lassen. Nachträge werden häufig teurer als erwartet.
Architekten ermitteln in der Regel alle wesentlichen Kosten nach den gesetzlichen Vorgaben und denen des Bauenden. Diese können dann von denen der Bauträger erheblich abweichen, weil eben keine Vergleichbarkeit besteht.

Wie unterscheiden sich die Kosten von Bauträgern und Architekten?

Bauträger verfügen häufig über Standardentwürfe, planen z.T. aber auch individuell nach den Vorgaben des Bauinteressenten oder passen ihre Entwürfe den Wünschen an. Diese Leistung erfolgt in der Regel kostenlos.
Die dem Bauträger dadurch entstehenden Kosten müssen somit im Falle ein Nichtbeauftragung auf die anderen Bauprojekte des Anbieters umlegt werden.
Der Architekt verlangt für diese Leistung normalerweise bereits ein Honorar. Hiervon abweichende Vereinbarungen sollten daher besser schriftlich festgehalten werden, um unangenehme Überraschungen zu vermeiden. Dafür plant der Architekt in der Regel individuell nach den Wünschen und Anforderungen der Bauinteressierten.
Beim Bauträger sind alle Honorare im Gesamtpreis enthalten und somit nicht einzeln nachvollziehbar.
Der Architekt rechnet sein Honorar prüfbar nach den gesetzlichen Vorgaben ab, ebenso wie alle erforderlichen Fachingenieure (z. B. Statiker).

Einsparmöglichkeiten der Bauträger (früher und heute)

Einsparungen durch die Wiederverwendung von Standardentwürfen lassen sich heute nur noch bedingt erzielen, da die Häuser den ständig steigenden Anforderungen hinsichtlich der Haustechnik und des Wärmeschutzes angepasst werden müssen.
Das als Bauträger auftretende Planungsbüro hatte zu Zeiten des Baubooms in den 90er Jahren die Möglichkeit bessere Preise bei den Handwerkern zu erzielen als der Architekt, da es den Handwerkern gleich mehrere Aufträge in Aussicht stellen konnte. Dies

ist bei der rückläufigen Auftragslage im Einfamilienhausbereich und bei gleichzeitig hoher Auslastung der Handwerker heute immer seltener möglich. Handwerker die in Zeiten des Baubooms nicht ausgelastet sind, haben möglicherweise Defizite bei der Qualität ihrer Arbeiten.
Außerdem muss der Bauträger ein zusätzliches Wagnis einkalkulieren, das er als einziger Vertragspartner mit der Abgabe des verbindlichen Angebots eingeht, ohne zu wissen welche Preise er letztlich mit dem Handwerker abrechnen kann.
Der als Bauträger auftretende Handwerksbetrieb kann einen Teil des angestrebten Gewinns bereits mit den selbst ausgeführten Gewerken erzielen und somit möglicherweise auch heute noch günstiger anbieten.

Unterschiede zwischen Bauträgern und Architekten bei Planungsleistungen und Bauleitung

Der Architekt erstellt detaillierte Pläne, vertritt die Interessen des Bauenden, schreibt meist alle anstehenden Gewerke aus (holt also Vergleichsangebote auf einer einheitlichen, vorgegebenen Grundlage ein), dokumentiert die Angebotsergebnisse, berät die Bauenden bei der Auftragsvergabe, überwacht die Baustelle und rechnet die Gewerke nach dem tatsächlichen Aufwand der Handwerker ab. Die Abrechnungssumme ist somit im Normalfall identisch mit der erbrachten Leistung. Der Bauende hat, anders als beim Bauträger, entscheidenden Einfluss darauf, an welche Firmen der Auftrag vergeben wird.
Das als Bauträger auftretende Planungsbüro verfährt ggf. genauso (einige Bauträger verzichten allerdings auf die Erstellung von Ausführungsplänen und Details, dies sollte vor Vertragsabschluss geklärt werden), allerdings hat der Bauende keinen Einfluss auf die Auswahl der Unternehmer und erfährt zu keinem Zeitpunkt, ob, gegenüber der Kalkulation, Geld eingespart oder die kalkulierte Summe bereits droht überschritten zu werden (und damit ggf. die Motivation des Bauträgers abnimmt, eine fachgerechte Leistung zu erbringen). Auch unvermeidliche Zusatzleistungen können nicht wirklich mit anderen Anbietern verglichen werden.
Das Interesse der schlüsselfertig anbietenden Handwerksbetriebe an einer bestmöglichen Planung und Überwachung der übrigen, nicht selbst erbrachten Gewerke, ist erfahrungsgemäß

häufig deutlich geringer, als beim Architekten und den als Bauträger auftretenden Planungsbüros.

Wie unterscheidet sich die Gewährleistung bei Bauträgern und Architekten?

Bei der, nach Abnahme des Bauvorhabens beginnenden Gewährleistung, hat man es beim Schlüsselfertigbau nur mit einem, bei einem Architektenbau dagegen mit verschiedenen Vertragspartnern zu tun. Die Gefahr, dass alle diese Vertragspartner insolvent werden, dürfte wesentlich geringer sein als bei nur einem Vertragspartner, umgekehrt ist einer der Vertragspartner bei einem Architektenbau ggf. schneller insolvent als ein etablierter Bauträger.

Fazit Vergleich Bauträger/Architekt

Bauen ist Vertrauenssache.
Die Entscheidung, welchen Partner man beim Bau eines 1-Familienhauses vorzieht, ist also von verschiedenen Faktoren abhängig, die es sorgfältig gegeneinander abzuwägen gilt. Es empfiehlt sich in jedem Fall Referenzen einzuholen.
Mit den (durch erhöhte Anforderungen) stark gestiegenen Baupreisen der vergangenen Jahre, bekommt der Preis eine immer größere Bedeutung, zumal der Architekt im Gegensatz zum Bauträger, den Preis nur bestmöglich berechnen, aber letztlich nicht garantieren kann.
Wenn man jedoch für den gezahlten Preis nicht die Leistung bekommt, die man erwartet, hat man letztlich zu viel bezahlt.

Die Bauleistungsbeschreibung

Wenn Sie mit einem Bauträger bauen, bekommen Sie üblicherweise eine Bauleistungsbeschreibung.
Bei Bauträgern sind einige Leistungen eher unzureichend, selbst wenn die Anbieter mit einigen vermeidlichen Extras locken.

So werden, wie schon erwähnt, bei 1-Familienhäusern, Maler-/Bodenbelagsarbeiten und Außenanlagen häufig nicht mit angeboten, selbst Entwässerungsleitungen werden nur bis zur Außenkante des Hauses geführt.
Auch die Regenfallrohre werden häufig ohne geeignete, robuste Standrohre verbaut.
Elektroausstattungen sind fast immer unzureichend, Treppen- und Balkongeländer zum Teil ohne oder mit (in Eigenleistung) zu lackierenden Handläufen vorgesehen, außerdem lassen die Materialpreise für Innentüren, Fliesen/Balkonbeläge, Verblender häufig kaum Auswahlmöglichkeiten. Viele, nicht unübliche, Sonderwünsche sollte man sich deshalb, falls nicht enthalten, möglichst vor Vertragsabschluss anbieten lassen. Solche Sonderwünsche könnten sein:

- Dacheindeckung mit Tonpfannen bzw. besonderer Farbe oder Beschichtung, größere Dachüberstände,
- elektrische Rollläden,
- farbige Fenster, Sicherheitsbeschläge, andere Haustür, Schiebetüren, barrierefreie Schwellen,
- Dachüberstände mit Kunststoffverkleidungen,
- andere Fliesenhöhen, zusätzlich geflieste Böden, Bordüren, andere Fensterbänke etc.,
- andere Sanitärobjekte, Außenzapfhähne, Duschtrennwände, Badheizkörper, Ausgussbecken,
- Ergänzungen der Elektrotechnik, z.B. Einbaustrahler, Leuchten, vernetze Rauchmelder, eine SAT-Schüssel, Bewegungsmelder, eine Sprechanlage, Datendosen etc.,
- zusätzliche Dachflächenfenster,
- Schiebetüren, Ganzglastüren, andere Türbreiten,
- Spitzbodentreppen und -Belag,
- Zusatzleistungen bei Hanglagen,
- Zähler in Mehrfamilienhäusern,
- Bau-Endreinigung.

Welche Schallschutzmaßnahmen sind sinnvoll?

Bei Mehrfamilienhäusern sind Schallschutzvorschriften zu beachten.
Hier besteht eine große Unsicherheit unter allen am Bau Beteiligten, da der Gesetzgeber die Anforderungen nicht eindeutig geregelt hat und immer wieder Gerichte entscheiden müssen, was

geschuldet ist. Der Verweis auf Schallschutznormen, wie er üblicherweise von Bauträgern verwendet wird, reicht nur bedingt aus. Man sollte sich daher die genauen Werte für die betroffenen Bauteile (Decken, Wohnungstrennwände, Türen zu Treppenhäusern) im Vertrag festschreiben, sich den Schallschutznachweis vorlegen lassen und mit der Bauausführung, soweit möglich, vergleichen.
Die Werte sollten in jedem Fall höher liegen als die Mindestanforderungen.
In machen Bebauungsplänen gibt es auch gesonderte Vorgaben, beispielsweise für Bauteile, die Lärmquellen (meist Straßen, Bahn- und Flulinien) zugewandt sind. Dies gilt teilweise auch für 1-Familienhäuser. Wenn besondere Schallschutzanforderungen seitens der Bauinteressierten bestehen, sollten diese in jedem Fall gesondert vereinbart werden.

Welche Energieeinsparmaßnahmen sind sinnvoll?

Der Wärmeschutz hat in den zurückliegenden Jahren zunehmend an Bedeutung gewonnen. Verglichen mit der Bauweise vor der Ölkrise, in den 70er Jahren, hat dies auch seine Berechtigung.
Inzwischen kann man jedoch den Eindruck gewinnen, dass man, seitens der gesetzgebenden Stellen, bereits über ein sinnvolles Ziel hinausgeschossen ist und es nur noch darum geht, alles was möglich ist, auch vom Bauenden zu verlangen. Somit machen auch die von der KFW-Bank vergebenen Zuschüsse oder vergünstigte Finanzierungen wenig Sinn, weil sie auch zusätzliche Maßnahmen fordern, deren Aufwand sich möglicherweise erst, wenn überhaupt, bei erheblich steigenden Energiepreisen rechnet. Erhebungen von Stadtwerken zeigen beispielsweise, dass ein KFW 60-Haus keine nennenswerten Einsparungen gegenüber einem Gebäude, das nach Energieeinsparverordnung (EnEV=gesetzliche Anforderungen) gebaut wurde, erzielt.
Einsparungen lassen sich auch mit 3-fach-Verglasungen (gegenüber 2-fach-Verglasungen, die 50 % weniger wiegen) und größeren Dämmstoffdicken kaum noch erreichen. Auch die Nachhaltigkeit der eingebauten Dämmungen, die aus einem immer wertvoller werdenden Rohstoff (Erdöl oder unter großer Hitze verflüssigter Stein) hergestellt werden, erscheint recht zweifelhaft.

Welcher Brandschutz ist geschuldet?

Brandschutz ist, je nach Bundesland, leider unterschiedlich, in der Regel jedoch bei allen Objekten zu beachten, die über einen Keller verfügen.
Kellerdecken sollten daher, in aller Regel, aus Beton erstellt werden. Leitungen, die durch diese Decke führen, müssen dann ggf. so abgeschottet werden, dass sie einen möglichen Brand im Keller nicht in die oberen Geschosse übertragen. Dafür gibt es beispielsweise verschiedene, sogenannte Brandschutzmanschetten. Deren Einbau ist entsprechend zu kennzeichnen.
In Mehrfamilienhäusern müssen außerdem die Leitungsdurchführungen durch die übrigen Decken (ab-)geschottet werden. Das gilt auch für die Holzbalkendecken im Dachgeschoss, wenn es sich dabei nicht um das Dach handelt (also in der Regel eine Decke zum Spitzboden), was nicht allen am Bau beteiligten bekannt ist. Besondere Anforderungen gelten auch für die Treppenhäuser, wo die oberste Decke auch, vom ggf. darüberliegenden Dachraum aus, zu schützen ist. Auch dies wird häufig nicht beachtet. In einigen Bundesländern müssen auch Türen, die vom Treppenhaus in die Wohnungen führen, dicht- und selbstschließend sein, um eine Verrauchung zu verhindern. In jedem Fall ist die Tür vom Treppenhaus in den Keller von Mehrfamilienhäusern als selbstschließende Brandschutztür (meist aus Stahlblech mit entsprechender Kennzeichnung) herzustellen, gleiches gilt für die Tür von der Tiefgarage zur sogenannten Schleuse (einem gesonderten Raum zwischen Tiefgarage und angrenzenden Fluren/Treppenhäusern) und von dort (ggf. über einen entsprechend zu schützenden Flur) ins Treppenhaus, die dauerhaft unverschlossen bleiben müssen.

Vor- und Nachteile von Wintergärten

Wintergärten waren eine Zeit lang sehr beliebt.
Viele verbinden mit dem Anbau eines Wintergartens auch die Hoffnung, durch solare Gewinne und die Reduzierung von Wärmeabstrahlung, Energie sparen zu können.
Dies ist grundsätzlich möglich, wenn die Ausrichtung stimmt.
Allerdings werden die Wintergärten heute, damit sie nicht nur in den Übergangszeiten genutzt werden können, beheizt und damit

zu einem beachtlichen Energie*verbraucher*, da Glaswände in der Regel schlechter isolieren als übliche Außenwände.
Zum Energiesparen eignen sich daher Wintergärten eher nicht, zumal sie auch unbeheizt im Sommer ausreichend verschattet und belüftet werden müssen, um genutzt werden zu können, was üblicherweise mit elektrischen Anlagen erfolgt, die auch Energie (Strom) verbrauchen.
Dies lässt sich zwar auch durch geeignete Bepflanzung und mechanische Lüftungsflügel, wenn sie richtig angeordnet werden, auch vergleichsweise preiswert herstellen, deckt sich aber nur selten mit den Vorstellungen und Ansprüchen der Nutzer.
Auch die Lüftung und Belichtung von Räumen hinter den Wintergärten wird durch den Anbau eher erschwert.
Es bedarf daher einer sorgfältigen Planung und Abwägung von Vor- und Nachteilen, soll der erhoffte Nutzen sich nicht als teurer Irrtum erweisen.

Was beinhaltet barrierefreies Bauen?

Die demographische Entwicklung unserer Gesellschaft hat das sogenannte barrierefreie Bauen in den Fokus gerückt. Damit ist nicht zwangsläufig, wie häufig angenommen, das behindertengerechte Bauen gemeint, sondern zunächst wird daran gedacht, Bedingungen zu schaffen, die es einem ermöglichen, als älterer Mensch, auch mit einem Rollator oder einer Sehbehinderung, in der Wohnung zurecht zu kommen.
Dies ist möglich, wenn ausreichend Bewegungsfreiheit geschaffen wird und Stufen vermieden werden. Häufig werden 2 cm Höhenversatz aus konstruktiven Gründen, beispielsweise bei Außentüren, zugelassen. Solche Außentüren sind jedoch nicht bei jedem Wetter schlagregendicht (insbesondere, wenn Wind dazu kommt), so dass, wenn möglich, eine Überdachung oder ähnliche Schutzvorrichtungen sinnvoll sind. Normalerweise braucht man ja auch nicht alle Ausgänge barrierefrei zu gestalten.
Eine barrierefreie Dusche sollte 1,20 x 1,20 m groß und weitgehend eben sein.
Barrierefreie Duschen müssen deshalb nicht zwangsläufig gefliest sein, es gibt auch ebenerdige Duschwannen, die immer dicht und immer mit ausreichend Gefälle ausgestattet sind, nicht absacken können (wie der sonst unter den Fliesen eingebaute Estrich, siehe Anmerkungen zu den Estricharbeiten) und vor allen Dingen hygienisch sauber gehalten werden können, was bei

den gefliesten Duschen nur mit großem Aufwand möglich ist, weil sich in den Fliesenfugen eher Ablagerungen (Staub, Haut- und Seifenreste) bilden, die schwer zu beseitigen sind. Geflieste Duschen mit Rinne weisen dazu in der Regel ein einseitiges Gefälle auf, was zu scharfen Kanten an der Gefälleseite führen kann. Fest eingebaute Duschwände, die an dieser Kante eingebaut werden, behindern dagegen häufig die geforderte Bewegungsfreiheit.
Die 1,20 x 1,20 m Bewegungsfreiheit sollten auch vor dem Waschbecken, dem WC und an anderen Stellen der Wohnung gewährleistet sein, so mindestens auf einer Bettseite, damit betroffene Personen im Bedarfsfall von Rettungssanitätern ohne große Mühe auf einer Trage ins Rettungsfahrzeug verlegt werden können, aber auch auf Balkonen und Terrassen.

Barrierefreiheit fängt bei der Zuwegung an. Längsneigungen über 3 % (3 cm/lfdm) sind zu vermeiden, andernfalls sind alle 10 m Zwischenpodeste anzuordnen. Eine Wegbreite von 1,20 m ist immer einzuhalten, zum Haupteingang sollte sie 1,50 m betragen oder am Anfang und Ende der Zuwegung, unter Beachtung von max. 6 m Länge ohne Richtungsänderung, Wendemöglichkeiten von 1,80 x 1,80 m aufweisen. Türen sollten eine Rohbaubreite von 0,885 m nicht unterschreiten, Wohnungseingangstüren mindestens 90 cm *lichte* Breite aufweisen. In einigen Bundesländern sind Türschließer an Wohnungstüren vorgeschrieben. Diese können durch sogenannte Freilauftürschließer ersetzt werden, die nur im Notfall aktiv werden. Da diese sehr teuer sind, lohnt es sich, sie zumindest elektrisch vorzubereiten, bis man einen solchen Türschließer zwingend benötigt. Wohnungstüren sollten außerdem seitlich von der Griffachse noch einen Bewegungsfreiraum von mindestens 50 cm aufweisen, da man sonst mit einem Rollator nur schwer an den Griff gelangen kann.
Badezimmertüren müssen nach außen aufgehen und mit einem sogenannten Badezellenschloss (ohne Schlüssel) versehen werden, damit man im Notfall die Tür von außen mit einem Geldstück oder Schraubenzieher öffnen kann (beispielsweise, wenn jemand ohnmächtig vor der Tür liegt).
Waschplätze sollten auch im Sitzen nutzbar sein (daher möglichst keine Badmöbel unter den Waschtischen anordnen).
Mindestens 1 Fenster der Wohneinheit sollte auch in sitzender Position einen Ausblick ermöglichen (bodenlang oder mit fest verglastem Unterlicht).

Da die Sehkraft im Alter nachlässt, sollten wesentliche Einrichtungen kontrastierend wirken (keine weißen Sanitärobjekte auf weißen Fliesen, keine Klarglastüren ohne Markierungen).
In 1-Familienhäusern ohne Aufzug ist ein barrierefreies Wohnen nur im EG möglich. Das bedeutet, dass mindestens 1 ausreichend großes Schlaf- (Gäste-) Zimmer mit barrierefreiem Duschbad vorgesehen werden sollte.

Was sollte beim Grundstückskauf beachtet werden?

Beim Grundstückskauf sollte man sich vorher bewusst machen welche Kriterien Vorrang haben. Meist kann man nicht alles bekommen. So sind Neubaugebiete, in denen häufig junge Familien bauen, nicht unbedingt für ältere Menschen geeignet, die überwiegend Ruhe genießen wollen. Anderseits sind Baugebiete, in denen fast ausschließlich junge Familien bauen, 30-40 Jahre später häufig reine Altenwohngebiete.
Die Himmelsrichtung spielt immer eine wichtige Rolle. Wenn man nach Feierabend gerne noch die Sonne auf der Terrasse genießen möchte, sollte diese im Südwesten liegen. Wenn dies jedoch die Straßenseite ist, sind eine größere Einsicht der Terrasse und Beeinträchtigungen durch Verkehrslärm zu berücksichtigen.
Weist das Grundstück Gefälle auf, hat dies häufig Mehrkosten zur Folge, bietet aber ggf. auch Möglichkeiten bei unterkellerten Gebäuden den Keller durch bessere Tageslichtnutzung mit in die Wohnfläche einzubeziehen. Hierbei sind jedoch auch die Vorschriften aus dem Baurecht zu beachten.
Ungünstig stehende Straßenlaternen oder Bäume auf öffentlichen oder Nachbargrundstücken können auch ein wichtiges Kriterium sein.
Ganz wesentlich ist die Nutzbarkeit des Grundstücks. Vor einem Kauf sollte man daher auf jeden Fall das örtliche Bauamt aufsuchen und sich dort den Bebauungsplan geben und ggf. erläutern lassen. Teilweise kann man die Bebauungspläne auch im Internet finden. Im Bebauungsplan sind Baugrenzen eingetragen, außerdem wird angegeben, wie hoch der Anteil des Grundstücks ist, der bebaut werden darf (z.B. 40 % bei einer Grundflächenzahl von 0,4), wie viel Geschosse zulässig sind, ob an bestehende Gebäude angebaut werden muss (geschlossene Bebauung) oder freistehend gebaut werden darf (offene Bauweise). Teilweise werden die Firstrichtung, die Dachneigung, Farben der Dacheindeckung oder Fassade und vieles mehr vorgeschrieben.

Bei 1-Familienhäusern wurden früher selten Bodengutachten erstellt. Bestenfalls hat man die Nachbarn oder den Vorbesitzer zu den Bodenverhältnissen befragt. Dies ist heute häufig nicht ausreichend, da die besten Grundstücke längst vergeben sind, es sei denn, man baut in einem bestehenden Baugebiet, wo die Bodenverhältnisse bekannt sind. Auch dort würde ich auf den belasteten Flächen mindestens einen sogenannten Lastplattendruckversuch vornehmen lassen, mit dem Sie die Tragfähigkeit des Baugrundes überprüfen können. Solche Versuche machen ebenfalls die Bodengutachter, aber auch manche Tiefbauer.

In jedem anderen Fall sollten Sie ein Bodengutachten erstellen lassen.

In meiner Praxis habe ich die unterschiedlichsten Bodenverhältnisse kennengelernt. Dabei sind Grundstücke mit einem hohen Grundwasserstand noch nichts Außergewöhnliches.

Gefährlich wird es, wenn der Boden nicht ausreichend tragfähig ist. Ich habe es erlebt, wie Bauende erst nach dem Grundstückskauf erfahren haben, dass Ihr Bauplatz in einem Moorgebiet liegt, obwohl bereits das unmittelbare Nachbarhaus auf tragfähigem Sandboden erstellt werden konnte.

In diesem Fall hat der Bodengutachter eine Pfahlgründung empfohlen. Da diese Ausführung dem Bauenden zu teuer wurde, haben wir beschlossen, ein Risiko einzugehen und das Haus auf einer 1,00 m dicken Schotterschicht zu gründen. Der Bodengutachter wollte für diesen Fall Setzungen des Hauses bis zu 10 cm nicht ausschließen.

Auf Grund der immer schwieriger werdenden Umstände beim Bauen lassen sich viele Fachleute (Bodengutachter, Statiker, Fachingenieure) nicht auf ein Risiko ein und empfehlen grundsätzlich die sicherste Lösung, obwohl es noch Alternativen gibt. Es lohnt sich also vereinzelt nachzuhaken und eine Risikoabschätzung zu machen.

Fast immer empfehlen die Bodengutachter bei feuchten Böden auch Schotterschichten unter den Bodenplatten bzw. Fundamenten (sogenannte Flächenfilter), mit denen das Grundwasser kontrolliert abgeführt werden kann. Dies soll ein Aufweichen der tragenden Schichten verhindern, ist aber nicht in jedem Fall notwendig, da die Grundwasserverhältnisse mitunter, je nach Jahreszeit, schwanken.

Wer kann, sollte mit seinem Bauvorhaben so starten, dass vor dem Winter das Dach dicht ist. Im Winter ist die Luft trockener als im Sommer, so dass Gebäude, wenn sie noch unbewohnt über einen Winter der Witterung ausgesetzt sind, schon gut austrocknen können.

Überdurchschnittlich dickes Schotterbett auf Geotextil bei schlechten Baugrundverhältnissen

Als Flächenfilter eingebaute Schotterschicht

Mit oder ohne Keller?

1-Familienhäuser haben aus Kostengründen immer seltener einen Keller. Dies ist grundsätzlich kein Problem, wenn man im Erdgeschoss, teilweise auch im Spitzboden, ausreichend Platz für

die Heizungsanlage und die übrige Technik (Lüftungsanlage, Hausanschlüsse etc.) hat.
Die heute benötigte Technik beansprucht immer mehr Raum. So können bei Wärmepumpen oder Solaranlagen schon mal Speicher mit einem Fassungsvermögen von 300-400 Liter und entsprechendem Platzbedarf benötigt werden.
Keller müssen immer häufiger, auf Grund der Bodenverhältnisse, dicht gegen drückendes Wasser sein. Dies erreicht man am einfachsten mit einer wasserundurchlässigen (wasser*dichten* Beton gibt es nicht) Betonwanne. Diese neigen jedoch bei ausreichend hoher Luftfeuchtigkeit zum Schwitzen und sollten deshalb in 1-Familienhäusern möglichst allseitig gedämmt werden, zumal die Treppen in der Regel nicht in einem gesonderten Treppenhaus liegen und deshalb (feucht-) warme Luft in den Keller gelangt.
In nicht gedämmten Kellern neigen sonst auch die (meist einfacheren) Kellertüren dazu, sich durch die Feuchtigkeit zu verziehen.
Gedämmte Keller sollten dann konsequenterweise auch isolierverglaste Fenster erhalten, die lückenlos an die Wanddämmung angeschlossen werden müssen. Dafür gibt es entsprechende gedämmte Zargenfenster.
Bei den Kellern sollte man auf eine ausreichende Höhe achten (ich würde mindestens 2,26 m Rohbauhöhe empfehlen), damit unterhalb der Kellerdecke auch noch Leitungen verzogen werden können. Abflussleitungen von WCs haben an den Verbindungsstellen (Muffen) einen Durchmesser von ca. 13 cm. Bauträger neigen dazu, bereits hier zu sparen. Bei Kellerräumen, die zu Wohnzwecken genutzt werden sollen, sind neben der Dämmung und Belichtung ohnehin, je nach Landesbauordnung, ausreichende Raumhöhen einzuhalten (z.B. 2,40 m).
Kellerräume als Lagerräume sollte man weitgehend vermeiden. Die dort aufbewahrten Gegenstände haben in der Regel nicht den Wert, der den Aufwand für einen Keller rechtfertigt. Gartengeräte sollten besser im Gartenhaus deponiert werden.
Die häufig als Kompromiss gepriesenen Teilkeller sind auch nur bedingt zu empfehlen. Neben den unterschiedlichen Gründungsebenen, die zu unterschiedlichen Setzungen führen können, sollte man sehr genau die Einsparmöglichkeiten im Vergleich zum Vollkeller prüfen. Oft sind sie vergleichsweise gering.
Kellerwände lassen sich auch aus Halbfertigteilen herstellen, sollten jedoch, wenn sie wasserundurchlässig werden sollen, mind. 30 cm dick sein, damit der Ortbetonkern ausreichend dick

ist. Die Fugen bilden dann Sollrissstellen und sind durch den Einbau geeigneter Dichtungselemente, z.B. sternförmiger Rohre aus Kunststoff, vor eindringender Feuchtigkeit zu schützen.

Betonkeller aus Halbfertigteilen

Trotzdem sind feine Risse in Betonbauteilen meist nicht zu vermeiden und in der Regel unschädlich, wenn sie nicht wasserführend sind.

Hausanschlüsse

Hausanschlüsse sollten so früh wie möglich beantragt werden, da die öffentlichen und halböffentlichen Stellen häufig lange Bearbeitungszeiten benötigen. Dies gilt insbesondere für die Telekom und Kabel Deutschland.
Dabei sollte man sich frühzeitig entscheiden, welche Versorger man überhaupt benötigt. Wird eine Wärmepumpe geplant, braucht man keinen Gasanschluss (gilt natürlich auch für Pellet- oder Ölheizungen), verwendet man eine Satellitenschüssel, braucht man möglicherweise keinen Kabelanschluss usw.
Außerdem muss man sich entscheiden, ob man den Graben von der Straße zum Haus möglicherweise vom Rohbauer oder selber erstellen will. Eine Erstellung in Eigenleistung birgt die Gefahr,

dass der Graben dann nicht zum richtigen Zeitpunkt, an der richten Stelle und in der erforderlichen Ausführung vorhanden ist. Erforderliche Formteile, die beispielsweise im Keller oder der Sohlplatte eingebaut werden sollen oder müssen, werden teilweise von den Versorgern angeboten und stehen bei verspäteter Beantragung möglicherweise nicht rechtzeitig zur Verfügung.

Wie soll das Haus beheizt werden?

Im Zuge der immer wichtiger werdenden Energieeinsparmaßnahmen stellt sich die Frage nach der richtigen Heizungsanlage. Vorgeschrieben ist mindestens eine Brennwertheizung in Kombination mit einer Solaranlage für Warmwasser. Diese Kombination ist nach wie vor sinnvoll, da davon auszugehen ist, dass für die Lebensdauer einer Brennwertheizung ausreichend Gas zu vertretbaren Preisen zur Verfügung gestellt werden kann. Unter gewissen Umständen kann man sogar auf die Solaranlage verzichten. Dies ist jedoch eher nicht zu empfehlen, da der Aufwand für die dann erforderlichen Ersatzmaßnahmen häufig zu hoch ist. Wenn ohnehin von der Brennwertheizung oder der Abluftanlage abgewichen wird, kann sich die Solaranlage unter Umständen jedoch erübrigen.
Sinnvoll ist in den meisten Fällen eine Fußbodenheizung, da bei einem späteren Wechsel der Heizungsanlage (z.B. zu einer Wärmepumpe) Flächenheizungen mit niedrigen Vorlauftemperaturen als Standard zu erwarten sind. Natürlich muss auch genügend Platz für eine solche Umrüstung eingeplant werden.
Blockheizkraftwerke haben sich für 1-Familienhäuser in der Regel nicht als sinnvoll erwiesen, da strittig ist, ob die benötigten Energiemengen hier sinnvoll angeboten werden können. Pelletheizungen sind immer noch eine Alternative, benötigen aber sehr viel Platz. Außerdem macht man sich natürlich auch von einem Rohstoff (Holz) abhängig, dessen Zukunft ungewiss ist, da nicht abgeschätzt werden kann, in welchen Mengen dieser Rohstoff künftig auch an anderer Stelle benötigt wird.
Eine häufige Alternative sind Wärmepumpen. Hier sind die Sole-Wasser-Wärmepumpen am effektivsten, verursachen aber hohe Investitionskosten beim Bau, da teure Bohrungen erforderlich sind, die auch nicht überall möglich und zulässig sind. Zu beachten ist, dass es sich bei Wärmepumpen eigentlich um Kältetechnik handelt (man kennt das Prinzip schon lange vom Kühlschrank, schauen Sie mal auf dessen Rückseite, dort befindet

sich die „Heizung"), mit der die Heizungsbauer nicht so gut vertraut sind, wie mit herkömmlichen Heizungsanlagen. Dies wird sich aber zunehmend bessern.
Wärmepumpen brauchen Strom, der immer noch überwiegend aus Kraftwerken kommt, die mit fossilen Brennstoffen (Kohle, Gas etc.) betrieben werden. Bei der Stromherstellung gehen 2/3 der Ursprungsenergie schon verloren und werden über Kühltürme in die Atmosphäre geleitet. Die Energieausbeute von Wärmepumpen ist unter Einbeziehung dieser Umstände verhältnismäßig gering. 3 Teile der zuvor genannten Ursprungsenergie werden durch die Wärmepumpe in ca. 4 Teile nutzbare Energie umgewandelt.
Etwas schlechter arbeiten Wärmepumpen, die ihre thermische Energie nicht aus der Tiefe der Böden, sondern aus der Fläche oder aus Gewässern holen. Die Temperaturen schwanken hier stärker und sind natürlich im Winter, wenn am meisten Energie benötigt wird, am schlechtesten, ähnlich wie bei Luft-Wasser-Wärmepumpen, die der Luft die thermische Energie entziehen und daher noch weniger geeignet sind.
Ölheizungen sollten überhaupt nicht mehr zum Einsatz kommen, sind aber immer noch auf dem Markt.

Wie soll das Haus gelüftet werden?

Der Bauherr wird zunehmend entmündigt und kann inzwischen nicht einmal mehr selbständig entscheiden, ob er eine Lüftungsanlage einbauen möchte oder lieber ausschließlich manuell lüftet. Der Gesetzgeber verlangt in fast allen Fällen eine sogenannte Nutzer-unabhängige Lüftung.
Diese kann vorläufig noch mit manuellen Fensterlüftern realisiert werden, deren Wirkungsweise umstritten und nicht wirklich kontrollierbar ist, auch wenn die Werbung etwas anderes verspricht.
Einfach zu realisieren sind reine Abluftanlagen, bei denen in den „Verbrauchsräumen" (WC, Bad...) verbrauchte Luft abgesaugt wird und in den Aufenthaltsräumen über Außenwandöffnungen frische Luft nachströmt.
Diese Anlagen verzichten auf die Wärmerückgewinnung der abgesaugten Luft, was angesichts der hoch gedämmten Häuser etwas widersinnig ist, aber auch nicht mehr Energie verbrauchen soll, als bei der klassischen, manuellen Fensterlüftung. Tatsächlich dürfte der Energieverbrauch aber etwas höher sein, weil man zum Betrieb der Abluftanlage ebenfalls Strom benötigt, der dann

ggf. wieder aus Kohlkraftwerken stammt, bei dessen Erzeugung bereits 2/3 seiner Ursprungsenergie an die Atmosphäre abgegeben wurden. Diese Anlagen laufen z.T. feuchtigkeitsgesteuert oder rund um die Uhr.
Die Alternativen sind aber auch nicht wirklich reizvoll. Zentrale Lüftungsanlagen mit Wärmerückgewinnung finden in Mehrfamilienhäuser wenig Akzeptanz, da die individuellen Ansprüche der Nutzer nur unzureichend berücksichtigt werden können. Außerdem kommt es immer wieder, mehr oder weniger, zu Geräuschübertragungen durch die Verrohrung.
Dezentrale Lüftungsanlagen mit Wärmerückgewinnung in den Wohnungen bzw. 1-Familienhäusern sind sehr aufwendig und daher teuer, benötigen teilweise sehr viel Platz und sind schwer zu warten.

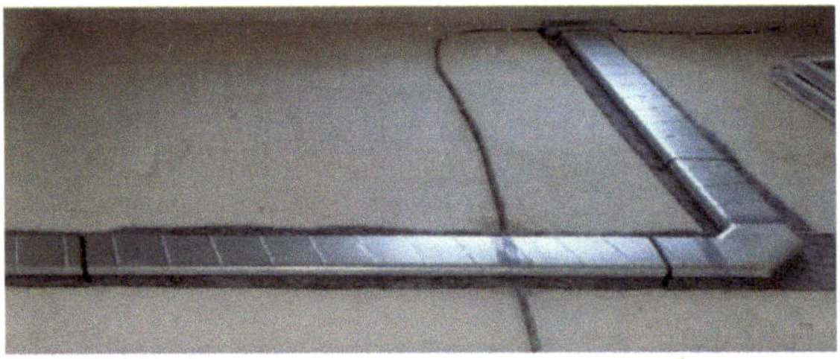

Lüftungsleitungen im späteren Fußbodenaufbau mit Bodenauslass (kaum zu reinigende Systeme)

Bleiben noch dezentrale Einzelgeräte mit Wärmerückgewinnung, die ebenfalls sehr teuer sind und deshalb eher für die Nachrüstungen verwendet werden.
Letztlich sind Lüftungsanlagen mit Wärmerückgewinnung aber die einzige noch verbliebende Möglichkeit Energie in nennenswertem Umfang einzusparen (siehe Energieeinsparmaßnahmen).

Die Terminplanung

Bei der Terminplanung hat es wesentliche Änderungen gegeben. Allein die Bearbeitung der Bauanträge nimmt häufig wesentlich mehr Zeit in Anspruch als in der Vergangenheit. Achten Sie deshalb beim Vertragsabschluss darauf, welcher Termin Ihnen wirklich garantiert wird. Absichtserklärungen sind meist unwirksam

und können bei der Finanzierung zu unerfreulichen Zusatzkosten führen. Fakt ist, dass die meisten Bauten sich, solange die Baukonjunktur anhält, nicht mehr in den gewohnten Zeiträumen realisieren lassen. Da nützen auch die mit besten Absichten formulierten Verträge und Vertragsstrafen wenig. Ausgelastete Firmen lassen sich kaum noch unter Druck setzen, zumal sie ihr zeitliches Problem dann nur auf ein anderes Bauvorhaben verlagern würden. Hinzu kommt, dass Terminplanungen, auf Grund der Überlastung der Handwerksbetriebe, sich ständig ändern und damit weitgehend wirkungslos sind. Die Auswahl bekannter und zuverlässiger Firmen spielt daher bei der Termintreue eine große Rolle.
Auch häufig sehr lange und ungewohnte Lieferfristen verzögern die Bauvorhaben. Nebenbei gibt es auch in Deutschland, was gerne verdrängt wird, immer mal wieder einen etwas längeren Winter, in dem wochenlang keine Außenarbeiten möglich sind. Selbst wenn dieser ausbleibt, reichen langanhaltende Regenfälle in einigen Gewerken aus, um Verzögerungen zu rechtfertigen, mit allen sich daraus ergebenden Konsequenzen.
Aber selbst bei scheinbar bestmöglichen Bedingungen sollten Sie Pufferzeiträume einplanen.

Die Rohbauarbeiten

Wenn es dann endlich losgeht, stellt sich zunächst die Frage nach der Höhenlage des Gebäudes. Bei Mehrfamilienhäusern entscheidet dies in der Regel der Bauträger, deshalb (vor allen Dingen bei Hanglagen) möglichst vorher ansprechen. Ich habe Fälle erlebt, bei denen Eigentümern einer Erdgeschosswohnung aus Kostengründen, angrenzend an die Terrasse, nur schwer zu pflegende Hanglagen zur Nutzung bereitgestellt wurden.
Bei 1-Familienhäusern sollte Ihnen die Möglichkeit gegeben werden, die Höhenlage (Höhe des fertigen Erdgeschossfußbodens im Verhältnis zum umliegenden Gelände) im Rahmen der gesetzlichen Vorgaben, selber zu bestimmen (dies kann je nach Festlegung zu erheblichen Mehrkosten führen, insbesondere bei schon erwähnten Hanglagen, deshalb die Bauleistungsbeschreibung immer genau lesen). Bei der Festlegung der Höhenlage sollte, neben den Kosten, beachtet werden, dass möglichst das Wasser vom Haus ferngehalten wird und Stufen vermieden werden, wenn das Haus auch im Alter genutzt werden soll.

Der Keller

Wird mit einem Keller gestartet, sind erforderliche Abstände der Baugrubenböschung zu angrenzenden Grundstücken zu beachten. Abstände von 3,00 m können bei flach zu neigenden Böschungen und entsprechenden Kellertiefen, zu so großen Baugruben führen, dass man das Nachbargrundstück mitnutzen müsste. Da dies normalerweise nicht möglich ist, muss die Baugrube, zum Beispiel durch Spundwände oder den sogenannten *Berliner Verbau,* abgestützt werden. Dies verursacht höhere Kosten.

Baugrube mit Böschung (hinten) und Verbau (vorne)

Wenn ein wasserundurchlässiger Keller benötigt wird, ist es inzwischen üblich, diesen aus Beton zu erstellen. Bei dauerhaft niedrigem Grundwasserstand oder mit aufwendigeren Abdichtungsmaßnahmen kann der Keller im Ausnahmefall natürlich auch gemauert werden, was bei der Nutzung zu Wohnzwecken durchaus auch Vorteile hat (besseres Raumklima).

Kellerlichtschächte sollten, bei entsprechend hohen Grundwasserständen, auch wasserdicht angeschlossen werden.
Das dennoch von oben in die Schächte eindringende Regenwasser muss in einen Pumpenschacht geleitet werden und von dort wieder über die Rückstauebene (meistens das Straßenniveau, aus dem bei Überlastung des Abwasserkanals sonst ein Rückstau zu befürchten ist) gepumpt und erst dann der Regenwasserkanalisation zugeführt werden.
Dies gilt übrigens auch für das Schmutzwasser von möglicherweise im Keller vorgesehenen Sanitärinstallationen (Dusche, Waschbecken, WC etc.).
Drainagen, die häufig als sinnvolle Alternative angesehen werden, um das unerwünschte Grundwasser vom Haus fern zu halten, sind nicht immer eine geeignete Lösung, da das dort abgeleitete Wasser in vielen Städten und Gemeinden nicht in die Regenwasserkanalisation eingeleitet werden darf. Geeignete Vorfluter (offene Gräben) stehen aber in den seltensten Fällen zur Verfügung. Auch hier sollte man sich vorher erkundigen und ggf. eine Genehmigung von den zuständigen Stellen einholen.

Die Wohngeschosse

Beim Rohbau stellt sich die Frage nach dem Material der Außenwände. In Norddeutschland ist das Verblendmauerwerk sicher immer noch die beste Wahl.
Zwar sind auch hier immer größere Dämmstoff- und damit Wanddicken erforderlich, aber als Hintermauerwerk können massive Wandbaustoffe, mit entsprechender Wärmespeicherung, Stabilität und guten Schallschutzeigenschaften eingesetzt werden.
Die zunehmend anzutreffenden Wärmedämmverbundsysteme sind vergleichsweise günstiger, verursachen aber höhere Folgekosten, da die Systeme schneller als massive Putzbauten zur Veralgung bzw. Schimmelbildung neigen. Dies ist auch durch Zusatzstoffe nur begrenzt aufzuhalten.

Bei den meistverwendeten Systemen aus Hartschaum sind, vor allen Dingen bei größeren Mehrfamilienhäusern (ab 4 Geschosse), auch recht komplizierte Brandschutzbestimmungen zu beachten. Diese Dämmsysteme sollten möglichst erst nach den

Putz- und Estricharbeiten aufgebracht werden, da sie den Feuchtigkeitsabtransport behindern.

Typische Veralgung einer Wärmedämmverbundsystemfassade

Massive Putzbauten wären die folgerichtige Alternative, wenn man keinen Verblendbau wünscht. In weiten Teilen Deutschlands ist dies auch immer noch eine gebräuchliche Bauweise.
Massive Putzbauten tragen ihren Namen jedoch kaum noch zu Recht. Die dafür verwendeten Baustoffe müssen, um die Anforderungen nach der Energieeinsparverordnung zu erfüllen, immer leichter werden. Neben den bekannten Porenbetonsteinen (im Volksmund auch noch *Gasbeton* genannt), kommen Blähton, Hochlochziegel mit Luftporenbildnern und ähnliche Baustoffe zur Anwendung. Sofern sie Hohlräume aufweisen, werden diese teilweise auch noch mit Dämmstoffen unterschiedlichster Art aufgefüllt.

Diese Baustoffe haben zunehmend Schwierigkeiten die statischen Anforderungen zu erfüllen und müssen daher sorgfältig ausgewählt werden. Außerdem bieten Sie mit schwindendem Gewicht einen immer schlechteren Schallschutz, benötigen besondere Dübel, um Lasten aufnehmen zu können und immer leichtere Außenputze, um nicht zu erhöhter Rissbildung zu neigen.
Die erwünschte Wärmespeicherung bleibt dagegen kaum noch erhalten. Um unterschiedliche Untergründe für den Außenputz zu vermeiden, müssen Details, z.B. bei einbindenden Decken und Bodenplatten, besonders sorgfältig geplant werden, damit Wärmebrücken vermieden werden.
Schwere massive Baustoffe benötigen im untersten, beheizten Geschoss als unterste Schicht sogenannte Isokimmsteine, die einen Abfluss der Wärme in unbeheizte Bereiche (z. B. Keller, Tiefgaragen etc. oder das Erdreich) verhindern sollen. Häufig macht eine solche Schicht auch in Höhe der Holzbalkendecke über dem obersten, genutzten (Dach-) Geschoss zum nicht beheizten Spitzboden, Sinn, wenn nicht andere, vergleichbare Maßnahmen getroffen werden.
Das Mauerwerk in untersten Geschossen (Keller und nicht unterkellerte, ebenerdige Geschosse), wenn sie ans Erdreich grenzen, müssen durch horizontal eingebaute Isolierschichten (Abdichtungsbahnen) gegen aufsteigende Feuchtigkeit geschützt werden.
Der Sockelbereich des Außenmauerwerks muss außerdem bis mind. 30 cm (Spritzwasserhöhe) über die spätere Geländeebene und nach unten bis auf das Fundament bzw. die wasserundurchlässig erstellte Kelleraußenwand abgedichtet werden. Dazu eignen sich häufig sogenannte Bitumendickbeschichtungen (kein Schwarzanstrich), aber auch Bitumenbahnen oder fachgerecht aufgebrachte Dichtungsschlämmen.
Als Decken werden heute in den meisten Gegenden in Deutschland fast ausschließlich Betondecken eingesetzt. Natürlich sind in 1-Familienhäusern, insbesondere aus gestalterischen Gründen, auch immer noch Holzbalkendecken, meist sichtbar, im Einsatz. Hier sollte man sich bewusst machen, dass diese Decken, ohne weitere Maßnahmen, in der Regel einen deutlich geringeren Schallschutz bieten.

Horizontalisolierung unter und über der 1. Schicht aus Isokimmsteinen

Dickbeschichtung als Abdichtung im Sockelbereich

Teilfertigdecke von vor dem Einbau des Bewehrungsstahls und des Aufbetons

Betondecken können örtlich geschalt werden. Häufiger werden jedoch ca. 6-8 cm dicke Teilfertigdecken eingebaut, die nach der Verlegung und dem Einbau des Bewehrungsstahls noch durch zusätzlich aufgebrachten Beton auf ihre endgültige Dicke gebracht werden. Dabei lassen sich in diesen Decken auch Elektrokabel, z.B. für die Deckenbeleuchtung, teilweise auch Einbaustrahler und Lüftungsleitungen einbauen (allerdings eher nicht in Mehrfamilienhäusern, da diese den Schallschutz und ggf. auch den Brandschutz schwächen könnten).
Auch der Einbau von Leitungen für Zentralstaubsauger, die gerne von Allergikern verwendet werden, sind denkbar.
Bei diesen Teilfertigdeckenplatten sind lediglich die V-förmigen Fugen zu verspachteln. Anschließend sind sie bei entsprechender Vorbehandlung (Grundierung) für schwere Tapeten (z.B. Raufaser) tapezierfertig. Bei Anstrichen und dünnen Vliestapeten ist eine Spachtelung sinnvoll, da die kleinen Luftbläschen, die bei der Herstellung der Deckenplatten entstehen, sonst im Anstrich sichtbar bleiben können.

Auch Absätze an den Fugen lassen sich bei der Verlegung der Teilfertigplatten nicht immer vermeiden, die sich nur beiarbeiten lassen, zumal die Normen Abweichung von bis zu 10 mm bei 4,00 m (5 mm bei 1,00 m) auseinanderliegenden Messpunkten zulassen.

Versprung von 2 Deckenplatten an V-förmiger Fuge

Örtlich geschalte Decken müssen, wenn sie nicht aufwendig mit Sichtbetonschalung erstellt werden, anschließend noch geputzt werden.

Bei den Rohbauarbeiten entstehen aber in der Regel eher weniger Mängel. Da zunächst nur eine Handwerksfirma vor Ort ist, gibt es keinen großen Koordinationsbedarf.

Wichtig ist, dass in jedem Geschoss ein verbindlich (vorzugsweise durch eine verbleibende Plakette) markierter Meterstrich montiert wird, den alle Nachfolgehandwerker als Höhenbezugspunkt für ihre Arbeiten verwenden und möglichst mit der traditionellen Schlauchwaage (Nivelliergeräte haben teilweise erhebliche Toleranzen) an die für sie relevanten Stellen zu übertragen haben.

Türhöhen und -breiten werden häufig nicht eingehalten und sollten daher frühzeitig überprüft werden, da die vormontierten Türen später sonst nicht passen oder unschöne Fugen hinterlassen,

die sich nach den Malerarbeiten häufig nur mit großem Aufwand wieder beseitigen lassen.
Fenster dagegen werden nach örtlichem Aufmaß gefertigt. Hier ist lediglich darauf zu achten, dass die Öffnungen übereinanderliegen, wenn nicht anders geplant.
Verblendmauerwerk ist während der Bauzeit gut vor Regen zu schützen, um spätere hässliche Ausblühungen zu vermeiden.
Leichte Ausblühungen lassen sich dagegen nicht immer ausschließen, vermeidbare Ausblühungen durch eine erhöhte Wasserbeanspruchung brauchen jedoch nicht hingenommen zu werden (ggf. ist hier eine Neuverfugung erforderlich, wenn die Ursachen beseitigt sind, auch eine Imprägnierung kann hilfreich sein, weil die Steine dann weniger Wasser aufnehmen). Im fertigen Zustand sollte nicht abgedecktes, waagerechtes Verblendmauerwerk daher vermieden werden (z.B. Sichtschutzwände).
Verblendmauerwerk wurde früher häufig „abgesäuert", um es von Mörtelrückständen und sonstigen Verunreinigungen zu reinigen.
Dies ist heute nicht mehr zulässig, da Bestandteile der Verblendsteine dadurch verändert werden können. Auch die Mörtel leiden unter einer Säurebehandlung. Rissbildungen in den Verblendsteinen brauchen nicht hingenommen zu werden, es sei denn, es handelt sich um herstellungsbedingte Risse bis max. 0,3 mm (Ausnahme Keramikklinker, dort sollten die Risse unter 0,1 mm bleiben).

Riss in einem Verblendstein, Rissbreite ca. 0,2 mm, daher unbedenklich

Verblendmauerwerk benötigt in gewissen Abständen Dehnfugen, insbesondere bei größeren Fassadenabschnitten.

Dehnfugen im Verblendmauerwerk oberhalb von bodenlangen Fensterelementen

Die Dehnfugen sollten möglichst in Abstimmung mit den Herstellern und den Eigentümern festgelegt werden, da nicht jede Fuge an jeder Stelle optisch wünschenswert ist und sich manche Fuge (z.B. hinter Regenfallrohren) bei guter Planung "verstecken" lässt. Feine Risse zwischen Fuge und Verblendmauerwerk sind auch hier bis 0,3 mm im Fugenverlauf in der Regel unproblematisch.

Bei Forderungen von Nachbesserungen sollte beachtet werden, dass sich ausgebesserte Stellen optisch nur schwer anpassen lassen, zumindest wenn der Bau schon ausgefugt ist.
Stürze oberhalb von Fenstern in Verblendmauerwerk werden häufig als sogenannte Rollschicht (senkrecht vermauerte Verblendsteine) erstellt, ohne, dass z.B. Stahlwinkel zur Lastabtra-

gung verwendet werden. In Einzelfällen handelt es sich um verdecktliegende Tragkonstruktionen, häufig wird der Sturz aber auch „nur" mit einem leichten, sogenannten, scheitrechten, kaum sichtbaren Bogen erstellt. An diese scheitrechten Bögen werden umfangreiche Anforderungen gestellt, die in den meisten Fälle nicht eingehalten werden. So werden die zulässigen Fensterbreiten häufig überschritten, das Stichmaß für den Bogen unterschritten und auch eine erforderliche Auflast durch ausreichend hohe Verblendschalen über dem Fenster nicht berücksichtigt. Dies muss nicht immer zu einem Schaden führen, immer wieder stellen sich aber auch Risse im Sturz erst nach Jahren ein, wenn die Gewährleistung lange abgelaufen ist. Auf eine ausreichende Lastabtragung sollte daher verstärkt geachtet werden. Wichtig ist auch, dass geeignete Maueranker zwischen Hintermauerwerk und Verblendmauerwerk eingesetzt werden. Häufig werden runde Anker verwendet, die für die immer öfter eingesetzten, geklebten Steine nicht zugelassen sind, weil die verhältnismäßig dünnen Klebefugen nicht die erforderlich Dicke und Einbindefestigkeit aufweisen. Auch ihre Zulassung für die immer größeren Dämmstoffdicken ist zu beachten.

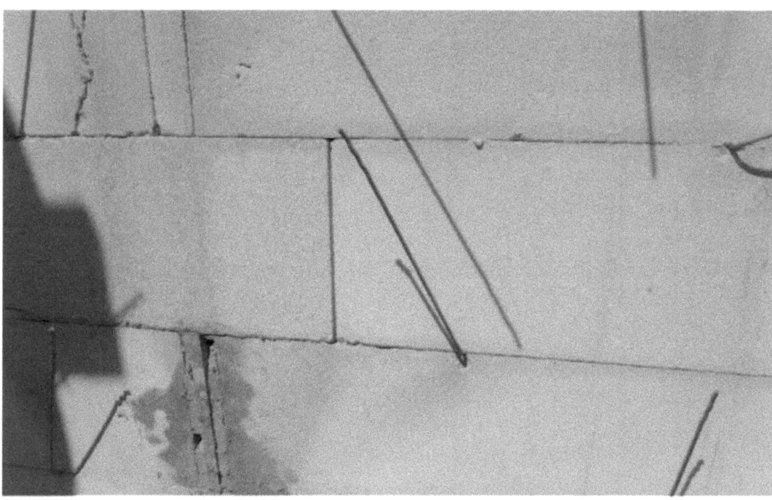

Nicht geeignete, runde Maueranker in den Fugen der geklebten Porenbetonsteine

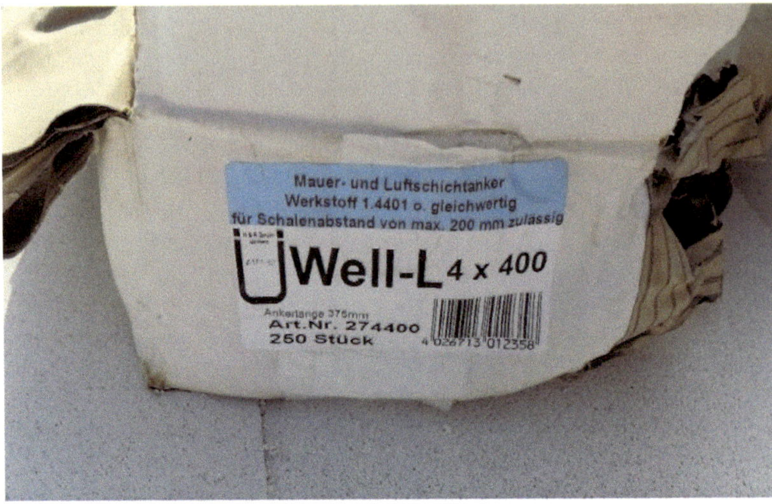

Für Luftschichten bis 200 mm geeignete Luftschicht-/Maueranker

Bei bodenlangen Fensterelementen sollte der Verblender im Bereich der später abzudichtenden, seitlichen Anschlüsse bis mind. 15 cm über dem geplanten Gelände so ausgespart werden, dass eine Abdichtung handwerklich überhaupt möglich wird. Eine Abdichtung auf den Verblenderaußenseiten kann hinterlaufen werden.

Bei Anbauten an Verblendbauten (z.B. Garagen), wird häufig versäumt, sogenannte Z-Folien oberhalb der Anbauten einzusetzen, die auf der Rückseite der Verblender ablaufende Feuchtigkeit durch Schlagregen wieder schadlos nach außen führen sollen, also oberhalb des Wandschlusses der Abdichtung des angebauten Gebäudeteils. Solche Folien sind auch oberhalb von Öffnungen einzubauen.

Verblendmauerwerk besteht häufig aus verschiedenfarbigen Steinen, die bei der Verarbeitung möglichst gleichmäßig zu mischen sind, so dass bei größerem Abstand zwar eine lebhafte, aber einheitliche Oberfläche entsteht.

Im Normalfall sollte man einen sogenannten „wilden" Verband wählen, so dass kein bestimmtes Fugenmuster einzuhalten ist. Andernfalls sind vorher genaue Abstimmungen und ggf. Fassadenzeichnungen notwendig.

Wenn aus gestalterischen Gründen eine leicht geneigte Rollschicht aus Verblendmauerwerk zum Einsatz kommen soll, ist unterseitig eine Folie einzubauen. Fensterbänke aus Rollschichten sind in enger Abstimmung mit dem Fensterbauer zu planen. Auch Fertigteilbänke aus Verblendern sind geeignet, aber unverhältnismäßig teuer.

In jedem Fall ist es empfehlenswert, die Fensterbänke mit ausreichendem Gefälle und Überstand einzubauen. Empfohlen werden 4 % Gefälle und mind. 3 cm Überstand (sinnvoll und bei höheren Gebäuden auch vorgeschrieben, ist ein Überstand von 4-6 cm).

Fensterbänke sollten, sofern Rollläden eingebaut werden, beidseitig mindestens so weit unter das Mauerwerk geführt werden, dass die Rollladenführungsleisten auf der Fensterbank enden.

Außenfensterbänke von Verblendbauten sollten möglichst aus Plattenware bestehen (Naturstein, z.B. Granit).

Wilder Verband, Verblender mit leichten, aber unerheblichen Schäden, gleichmäßig gemischt

Großzügig geneigte Außenfensterbank aus Plattenware (Dolomit) mit seitlichem Unterschnitt

Trotzdem ist auch dann die Dichtigkeit zwischen Rollladenführungsleiste und Fensterbank sicherzustellen. Fensterbänke aus Leichtmetall (Alu) haben üblicherweise eine seitliche Aufkantung, die dann sinnvollerweise hinter den Rollladenführungsleisten hochzuführen ist.

Auch ohne Rollladenführungsleisten ist ein seitlicher Unterschnitt sinnvoll, da das Wasser dann eher an der Vorderkante abtropft und keinen hässlichen, meist schmutzigen, Laufstreifen seitlich der Fensterbänke begünstigt.
Natursteinbänke sollten mind. 30 mm dick und frostbeständig sein und unterseitig als Tropfkante und möglichst auch oberseitig zur besseren Wasserführung, im Bereich der Leibungen, eine Nut bekommen (ab 4 % Gefälle auch ohne Nut möglich).
In den zurückliegenden Jahren sind die Steinformate für Mauerwerk immer größer geworden und lassen sich teilweise nur noch mit Hilfe eines Krans verarbeiten.
Diese Steine werden häufig geklebt und können bei großen Deckenspannweiten, wenn die Decken erst nach der Aufmauerung ausgeschalt werden, größere Risse bekommen.

Noch unverfugtes Verblendmauerwerk mit Fensterbank aus gleichem Material (man erkennt den seitlichen Unterschnitt der Fensterbank und die Stahlwinkel unter dem Sturz)

Aluminiumfensterbank, seitliche Aufkantung hinter Rollladenführungsleiste hochgeführt und mit einem Dichtband abgedichtet

Die Bauabläufe lassen jedoch größere Unterbrechung meist nicht zu. Es ist daher sinnvoll zunächst die Wände zu mauern, die übereinander stehen (z.B. Außen- und Treppenhauswände) und frei auf der Decke angeordnete Wände erst nach dem Ausschalen der Decken, wenn diese durch ihr Eigengewicht bereits durchhängen. Vereinzelt stellen sich diese Risse erst nach Jahren ein, weil die großen Steinformate die Durchbiegungen eine Zeit lang übertragen können. Früher haben sich diese Risse frühzeitig auf die unzähligen Fugen der kleineren Formate verteilt, waren entsprechend schmal und blieben deshalb meist unschädlich, da sie bereits im Zuge der Putzarbeiten wieder ausreichend überdeckt wurden.
In Bäder werden gerne zur Abgrenzung von WCs Zwischenwände eingebaut, die nicht raumhoch sind und frei im Raum stehen. Bei geringer Wanddicke (z.B. 11,5 cm) sind solche Wände ohne Zusatzmaßnahmen (z.B. sie einfassende Ringbalken aus Stahlbeton) nicht ausreichend standsicher.

Der Dachstuhl

Ein Dachstuhl darf heute nur noch mit Zustimmung der Auftraggeber imprägniert werden. Das Holz darf in der Regel außerdem eine Restfeuchtigkeit von 20 % nicht überschreiten. Optimalerweise sollte deshalb Konstruktionsvollholz, insbesondere für sichtbar bleibende Hölzer, verwendet werden.
Bei sichtbaren Pfettenköpfen (am Giebel sichtbare, tragende Hölzer der Dachkonstruktion) sollte man sich über die Gestaltung der Kopfseiten verständigen. Diese reichen von einfachen Schrägschnitten bis zu aufwendig profilierten Formen.
Auch über Material und Form der Dachüberstände sollte man sich abstimmen. Es gibt waagerecht verschalte Traufkästen, unter und auf den Dachsparren montierte Schalungen (bei denen man dann mehr oder weniger Holz zu streichen hat, wenn man keine Kunststoffprofilbretter wählt, die üblicherweise beim Bauträger nicht im Standard enthalten sind). Natürlich kann man auch, aus gestalterischen Gründen, ganz auf Dachüberstände verzichten, wovon eher abzuraten ist. Es ist bei jeder Fassade sinnvoll durch Dachüberstände einen zusätzlichen Schutz zu schaffen.

Die Stirnseiten der sichtbaren Hölzer können mit gestrichenen Glattkantbrettern, Kunststoffprofilen oder Blechen verkleidet werden. Alle diese Varianten sollte man sich an bestehenden Bauten ansehen und dann nach Wunsch festlegen.
Spitzböden sollten, wenn sie als Lagerraum genutzt werden sollen, nicht mit einem Belag aus Plattenware (z.B. OSB-Platten), sondern mit Rauspundbretter belegt werden. Sie neigen nicht so leicht zur Schimmelbildung. Die Aussteifung der Decken ist dagegen nicht mehr durch den Rauspund zulässig und muss durch andere statische Maßnahmen (z.B. sogenannte Windrispenbänder) sichergestellt werden.

Die Dacheindeckung, Dach-/ Balkon-/ Bauwerksabdichtung

Als Dacheindeckung bzw. zur Dachabdichtung stehen zahlreiche Produkte zur Verfügung.
Die in den letzten Jahren wieder zunehmenden Flachdächer werden überwiegend mit bituminösen oder Kunststoffbahnen abgedichtet. Bituminöse Bahnen werden in der Regel 2-lagig eingebaut, Kunststoffbahnen eher 1-lagig.
Kunststoffbahnen haben normalerweise eine geringere Schichtdicke und sind daher an komplizierten Anschlüssen, z.B. an Balkontüren, gut einzusetzen. Alternativ werden aber für solche Details auch immer öfter Flüssigkunststoffe verwendet, die fast auf allen Untergründen, also auch auf bituminösen Bahnen, zum Einsatz kommen können.
Flachdächer mit umlaufender Attika benötigen einen Notüberlauf. Bei der Ausbildung einer Attika ist darauf zu achten, dass diese allseitig gedämmt wird, um Wärmebrücken zu vermeiden.

Die klassische Dacheindeckung mit Tonziegeln, die lange Zeit starke Konkurrenz von den Zementpfannen bekommen hat, kann man heute auch in größeren Formaten herstellen, so dass sie die Zementpfannen wieder zunehmend vom Markt verdrängt. Kleinere Formate sind natürlich auch noch zu bekommen, dann meist teurer, allein weil der Aufwand bei der Eindeckung deutlich höher ist.
Tonziegel sollen normalerweise nicht ohne besondere Zusatzmaßnahmen unter 22 ° Dachneigung verlegt werden.

Dachterrasse vor der Verlegung der Terrassenplatten mit Abdichtung aus Kunststofffolien. Mauerabdeckung und Trittschutzbleche der Wandanschlüsse aus vorbewitterten Zinkblechen

Dacheindeckungen gibt es in fast allen gängigen Farben, beschichtet (Glasur) und engobiert (dünnflüssige Tonmineralmasse ohne eigentliche Schutzfunktion).
Auch Zinkbleche werden vereinzelt als Dacheindeckung verwendet, insbesondere, wenn die Dachneigung besonders flach gewählt wird. Hier ist auf eine Hinterlüftung oder vergleichbare Ersatzmaßnahmen entspr. den Herstellervorschriften zu achten.
Die Haltbarkeit aller Dachabdichtungen ist heute, abhängig vom Standort, der Dachneigung und der Himmelsrichtung sehr hoch.
Da Eindeckungen mit Dachziegeln selten ganz dicht herzustellen sind, wird bei Wohnbauten üblicherweise eine sogenannte Unterspannbahn eingebaut (früher rückseitger Mörtelverstrich), die gleichzeitig die Winddichtigkeit erhöhen soll und deshalb vorwiegend mit verklebten Stößen verbaut wird.
Diese ist an Rohrdurchführungen wasserdicht anzuschließen.

Nicht fachgerecht an die Unterspannbahn angedichtete Rohr-Durchführung

Unterspannbahnen sind heute diffusionsoffen (wasserdampf-durchlässig) und benötigen daher keine Hinterlüftung unterhalb der Bahn mehr. Die Sparrenquerschnitte können somit in voller Höhe für den Einbau einer Dämmung genutzt werden. Allerdings sollte man nicht auf die Hinterlüftung der Dacheindeckung verzichten. Um eindringendes Wasser schadlos abführen zu können, sollte die eigentliche Dachlattung daher auch immer auf einer Konterlattung verbaut werden, die direkt auf den Sparren genagelt wird und bis zu dem Punkt durchzuführen ist, wo das Wasser schadlos ablaufen kann. Bei Flachdachgauben ist dies die anschließende Abdichtung der Gaube, was nicht immer fachgerecht ausgeführt wird.

Bei geringen Dachneigungen sind ggf. auch noch sogenannte Nagelbänder erforderlich, die unter den Konterlatten eingebaut werden, um zu verhindern, dass Wasser an den Nagellöchern eindringen kann. Je nach Lage in Deutschland sind außerdem unterschiedlich viele Sturmhaken einzubauen. Deutschland ist dazu in verschiedene Windzonen eingeteilt.

Bei den Flachdächern unterscheidet man die sogenannten Kalt- und Warmdächer. Bei Kaltdächern (meist Holzkonstruktionen) wird der Raum unterhalb der meist auf Holzschalungen hergestellten Abdichtung und oberhalb der Dämmung belüftet, bei

Warmdächern (meist Betondecken, mit auf der Decke verbauter Dämmung) ist dies nicht erforderlich, da unterhalb der Dämmung eine durchgehende Dampfsperre eingebaut wird.
Bei der Belüftung von Kaltdächern ist darauf zu achten, dass die Luft nur über einen ausreichenden Querschnitt und nur über begrenzte Längen wirksam geleitet werden kann. Dies ist im Einzelfall zu prüfen.
Flachdächer, bei denen die Wärmedämmung in der Ebene der Holzkonstruktion eingebaut wird, sollten bevorzugt als Kaltdächer ausgebildet werden, weil andernfalls die Gefahr besteht, dass Feuchtigkeit, die über Nebenwege (z.B. angrenzendes Mauerwerk) in die Dämmung eindringt, dort nicht wieder schadlos entweichen kann.

Merke: Unbelüftete Hohlräume führen in der Regel zu Bauschäden, wenn die in ihnen herrschende Temperatur nicht der im Gebäude oder der Außentemperatur entspricht.

Dies ist nicht der Fall, wenn die Hohlräume Verbindung zur Außenluft oder zu den beheizten Innenräumen haben. Eine ungedämmte Verkleidung, in geringer Dicke, kann dabei vernachlässigt werden, weil die Verkleidungen ausreichend Wärme durchlassen, um den Hohlraum mit zu beheizen.
Dachflächenfenster brauchen nur eingebaut zu werden, wenn der Raum sonst unbelichtet wäre, eine andere natürliche Lichtquelle (Fenster) 6,00 m oder weiter entfernt ist oder eine zusätzliche, natürliche Lichtquelle zwingend benötigt wird (z.B. über einem Schreibtisch). Dachflächenfenster belichten die Räume in der Regel intensiver als senkrecht verbaute Fenster, dafür leiten sie aber auch entsprechend mehr Wärme in die Räume, was gerade in Dachgeschossen besonders störend wirken kann, da die wärmespeichernden Baustoffe (massive Baustoffe) eher selten anzutreffen sind.

Merke: Bei Bauten aus leichten Baustoffen, wie sie beispielsweise in Dachgeschossen verbaut werden (z.B. Gipskartonwände, Holzdecken usw.), spricht man im Volksmund gerne vom „Barackenklima" (die Räume heizen sich schnell auf, kühlen aber auch schneller wieder

aus, gesünder sind weniger große Temperaturschwankungen).

Dachflächenfenster sollten daher in der Regel nicht ohne, vorzugsweise außenliegende, Sonnenschutzmaßnahmen geplant werden.
Balkon- und Dachterrassenabdichtungen sollten an den Türen, sofern diese nicht barrierefrei ausgeführt werden sollen, mind. 5 cm über die Oberkante des fertigen Belages geführt werden und durch Schutzlagen bzw. Trittschutzbleche vor Beschädigungen geschützt werden. Vor den Türen sind üblicherweise bodengleiche Rinnen einzubauen, die das anfallende Wasser zügig ableiten.

Rinne vor barrierefreier Balkontür (seitlich ist das Trittschutzblech zu erkennen, hinter der sich die eigentliche Abdichtung befindet)

Bei der Abdichtung von Bodenplatten nicht unterkellerter Gebäude und bei der Abdichtung von Tiefgaragendecken spricht

man von Bauwerksabdichtungen. Diese haben nach anderen Regeln zu erfolgen, als eine Dachabdichtung und sollten vorzugsweise bituminös erfolgen.
Ein häufiger Streitpunkt sind Pfützenbildungen auf Flachdachabdichtungen. Diese sind bei üblichem Gefälle von 2 % unvermeidbar und stellen somit keinen Mangel dar.
Bei Abdichtungen von Tiefgaragendecken (an sie werden grundsätzlich schon höhere Anforderungen gestellt als an Dachabdichtungen) wird sogar häufig auf Gefälle verzichtet, was die Pfützenbildung verstärkt. Dies ist auf Grund der häufig großflächigen Anlagen nicht immer zu vermeiden und bei fachgerechter Ausführung unproblematisch und zulässig. Hier ist zwangsläufig eine Pfützenbildung die Folge, die aber nicht mehr störend wirkt, wenn die Decken begrünt oder mit Pflasterflächen überdeckt werden. Die Überdeckung schützt die Abdichtung vor Sonneneinstrahlung, was ihre Lebensdauer im Vergleich zu Dachabdichtungen eher erhöht.

Bauträger verzichten beim Übergang von der Dachfläche in die Dachrinne gerne auf die sogenannten Einhangbleche und führen stattdessen die Unterspannbahn bis in die Rinne. Diese lassen sich normalerweise dort nur unzureichend befestigen. Außerdem schaut man, wenn man von unten unter den Dachüberstand schaut, auf die wenig attraktive Unterspannbahn. Daher sollte immer der Einbau von Einhangblechen vereinbart werden, die das Wasser, das auf der Unterspannbahn abgeführt wird, sicher in die Dachrinne leiten.
Bei flachen Dächern (ca.< 25°) entsteht häufig an der Traufe ein Gegengefälle in der Ebene der Unterspannbahn, so dass dort Wasser stehenbleibt. Dies ist durch geeignete Maßnahmen zu verhindern (z.B. indem die Unterspannbahn unterhalb der Dachrinne auf einer 2. Ebene entwässert wird, sofern sich das Wasser nicht durch den Einbau geeigneter Keile von der Unterspannbahn in die Rinne leiten lässt).

Zinkbleche sollten in Fließrichtung nicht unterhalb von Kupfer-Werkstoffen verwendet werden, da es sonst zu erhöhter Korrosion kommt.
Verankerungen von Fallrohren sollten bei Wärmedämmverbundsystemen über Gewindestanden im Hintermauerwerk erfolgen.

Einhangblech am Übergang der Unterspannbahn zur Rinne

Wasser bleibt auf der ohne ausreichendes Gefälle verlegten Unterspannbahn an der Traufe stehen

Die Fenster

Man kann wohl behaupten, dass sich Kunststoff-Fenster in Deutschland weitgehend durchgesetzt haben. Es gibt sie in fast allen nur denkbaren Ausführungen, die fast keine Wünsche mehr offen lassen. Dekore sind ebenfalls in allen nur denkbaren Farben und Ausführungen zu bekommen, selbst Holzdekore sind teilweise täuschend echt. Trotzdem bleiben es Kunststoff-Fenster, die aus nicht nachwachsenden Rohstoffen hergestellt werden.
Farbige Fensterdekore werden meistens in Holzoberflächenstruktur aufgebracht, um eine bessere Haftung der farbigen Folie zu gewährleisten. Wem dies nicht gefällt, kann aber auch auf einige Hersteller zurückgreifen, die bereits bei der Herstellung der Profile einen farbigen und einen weißen Kunststoff verwenden und sie zu einem Profil dauerhaft zusammen verarbeiten.
Die Innenansichten der farbigen Fensterprofile sind jedoch in der Regel weiß.
Natürlich gibt es immer noch Holzfenster, die einer regelmäßigen Pflege bedürfen (bei lasierten Fenstern ggf. Wartungsintervalle von max. 2 Jahren) und häufig deutlich teurer sind. Bei diesen ist darauf zu achten, dass widerstandfähige Hölzer verwendet werden. Verschiedene Veredelungsverfahren lassen jedoch inzwischen auch die Verwendung heimischer Hölzer zu, ohne das Risiko der vorzeitigen Alterung, wenn eine ausreichende Pflege sichergestellt wird.
Auch Aluminiumfenster (insbesondere bei größeren Elementen und Haustüren) finden weiterhin Anwendung.
Kombinationen aus Holz (innen) und Aluminium (außen) machen Sinn, sind aber sehr kostspielig.
Sicherheit spielt eine immer größere Rolle im Fensterbau. Die Polizei empfiehlt häufig einen Beschlag mit der Einbruchhemmung RC2n. Diese Beschläge haben zahlreiche Sicherheitsschließbleche und einen abschließbaren Griff.
Wer zusätzlich noch den Einbruch über die Verglasung einschränken will, kann zusätzlich Sicherheitsglas einbauen lassen. Dies ist jedoch meistens verzichtbar, weil die Zerstörung von Glas in bewohnten Gebieten zu viel Lärm und damit Aufmerksamkeit erzeugt, die Einbrecher verständlicherweise vermeiden

wollen. Wesentlicher ist dann schon eine ausreichende Verankerung von Glas und Rahmen.
Für die spätere Nutzung kann es sinnvoll sein, die Schlagrichtung der Fensterflügel und die Lage evtl. Gurtwicklerkästen vor dem Rohbau abzustimmen.

Auch sollte man sich frühzeitig Gedanken machen, ob der Briefkasten in der Haustür integriert werden soll.

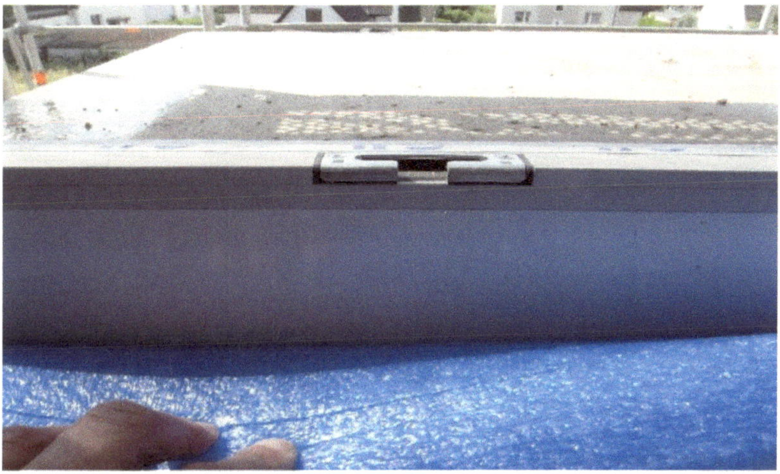

Sicherheitsbeschlag (sogenannte Pilzkopfverriegelung, die je nach Sicherheitsstufe mehrfach umlaufend einzubauen ist)

Haustüren in Mehrfamilienhäusern müssen sich von innen ohne Schlüssel öffnen lassen, da es sich um Fluchtwege handelt.
Besondere Aufmerksamkeit ist dem Küchenfenster zu widmen, wenn die Küchenzeile vor dem Fenster vorbeigeführt und ggf. sogar die Spüle vor dem Fenster platziert wird. Hier ist zu klären, ob die Küchenarbeitsplatte deutlich unterhalb der Fensterbank angeordnet wird oder in die Fensterleibung, bis an das Fensterrahmenprofil, laufen soll. Dann ist die Höhe der Küchenarbeitsplatte frühzeitig festzulegen.
Wasserhähne vor Küchenspülen können dann hinderlich sein, wenn das Fenster, z.B. zum Putzen, vollständig geöffnet werden muss. Hier kann die Lage der Küchenspüle angepasst werden,

das Fenster mit einem Unterlicht sinnvoll sein oder ein demontabler Wasserhahn eine Lösung bieten.
Bodenlange Fensterelemente sollten, sofern sie von innen oder außen zugänglich sind (auch im Erdgeschoss und zu Balkonen und Dachterrassen) mit Sicherheitsglas ausgerüstet werden, um Unfälle bei Glasbruch zu vermeiden.
Bei Terrassen- oder Balkontüren ist es sinnvoll auf der Außenseite eine Griffleiste montieren zu lassen, damit man die Tür hinter sich schließen kann.
Schiebefenster sind vergleichsweise teuer und reduzieren die Durchgangsbreite gegenüber mehrflügeligen Türen. Trotzdem können Sie im Einzelfall sinnvoll sein. Bei großen Elementen haben sich die Hebeschiebetüren im Vergleich mit Parallelschiebekipptüren als vorteilhafter erwiesen, weil sie stabiler und leichter zu bedienen sind.
Bei mehrflügeligen Türen und ggf. auch Fenstern ist zu klären, ob sie einen festen oder sogenannten „losen" Pfosten bekommen sollen. Bei Balkon- oder Terrassentüren erzielt man eine größere Durchgangsbreite mit einem losen Pfosten, der im geöffneten Zustand von 2 Flügeln, da er an einem der beiden Flügel montiert wird, mit geöffnet wird. Dieser Flügel kann dann nicht gekippt werden und wird nur im Bedarfsfall geöffnet. Es ist daher festzulegen, welcher Flügel vorrangig benutzt wird und demnach zuerst geöffnet wird.
Alle Türen und Fenster, die in die Außenfassade eingebaut werden, müssen mit winddichten Bändern zum Mauerwerk abgedichtet werden.
Rollläden übernehmen auf den Sonnenseiten häufig auch die Funktion des Sonnenschutzes, der heute vorgeschrieben ist. Ohne Rollläden müssen andere Sonnenschutzmaßnahmen, möglichst von der Außenseite (z.B. Jalousien) vorgesehen werden.

Merke: Rollläden werden begrifflich häufig mit Jalousien verwechselt. Als Jalousie wird eine Anordnung von festen oder beweglichen Lamellen zum Sicht- und Sonnenschutz bezeichnet, Rollläden sind aufgerollte Panzer aus Kunststoff, mit denen sich die Öffnungen zusätzlich, außenseitig verschließen lassen.

Rollläden können, wenn sie nass aufgerollt werden, bei Frost zusammenfrieren und werden dann, insbesondere bei elektrisch betriebenen Rollläden, beim Betrieb beschädigt.
Im Sommer empfiehlt es sich an heißen Tagen die Rollläden nie ganz herunter zu lassen, da sich zwischen Scheibe und Rollladen zu viel Hitze aufstaut, die sowohl die Scheibe, wie auch den Rollladen selber schädigen können.
Aluminiumbänke sind ausreichend mit Zwischenabstützungen zu versehen, damit die Bänke anschließend nicht schief eingeputzt werden oder bei Wind hochklappen.

Aussteifungen von Aluminiumaußenfensterbänken

Die Gurtauslässe von Rollläden „verschwinden" teilweise im Putz. Dies liegt daran, dass der Putzer Unebenheiten in der Wand ausgleichen muss und die Putzdicke dann größer ist, als die Gurtauslässe ausgleichen können. Hier sind dann ggf. Aufputzrosetten einzubauen. Wenn mehrere Fenster in einem Raum vorhanden sind, kann es aus optischen Gründen auch notwendig sein alle Auslässe mit solchen Rosetten zu versehen, um ein einheitliches Bild zu bekommen. Alle anderen Maßnahmen sind in der Regel unverhältnismäßig.

Gurtauslass „verschwindet" im Putz

Die „Technische Ausrüstung" (Haustechnik)

Unter der „Technischen Ausrüstung" versteht man die Gewerke Elektro, Heizung, Sanitär und Lüftung.
Hier sind selbst Architekten häufig überfordert, da sich in den zurückliegenden Jahren immer mehr unterschiedliche Angebote verschiedener Heizungs- und Lüftungssysteme auf dem Markt behaupten können. Seriöse Bauträger und Architekten ziehen daher, zumindest zeitweise, Fachingenieure hinzu.

Die Elektroinstallation

Bei der Elektroinstallation ist zunächst die Lage der Deckenleuchten zu klären, da die Zuleitungen, wie schon erwähnt, häufig in den Halbfertigdecken, vor dem Einbau des Betons, verlegt werden. Dies gilt auch für Einbauleuchten, sofern diese zulässig

sind. In Mehrfamilienhäusern kann dies aus Schall- oder Brandschutzgründen ggf. nicht sinnvoll sein.
Die übrige Elektroinstallation sollte, sofern möglich, mit dem Installateur vor Ort auf der Baustelle besprochen werden. Dazu ist es hilfreich, wenn man sich zuvor an Hand der Pläne Gedanken über die spätere Einrichtung macht. Mindestens 1 Steckdose in jeder Raumecke hat sich als sinnvoll erwiesen. Mehrfachsteckdosen dagegen sind häufig verzichtbar. Stattdessen können später vorzugsweise Mehrfachsteckdosen mit eigenem Schalter verwendet werden, mit denen sich dann auch die Standbyfunktionen der angeschlossenen Geräte leichter abschalten lassen.
Schalter von Abstellräumen, wie auch von innenliegenden Gäste-WCs, Bädern und Dachböden, sollten mit beleuchteten Tastern versehen und diese außerhalb der Räume angeordnet werden, damit nicht versäumt wird, sie wieder abzuschalten, bzw. um zu erkennen, ob der Raum genutzt wird.
Auch außenliegende Steckdosen sollten vom nächstmöglichen Innenraum aus mit beleuchteten Schaltern abschaltbar sein, um möglichen Einbrechern nicht auch noch einen funktionsfähigen Stromanschluss anzubieten.
Von Elektroinstallationen werden häufig keine detaillierten Pläne angefertigt, deshalb empfiehlt es sich, deren Lage vor den Putzarbeiten auf Fotos festzuhalten.

Leuchten an Spiegeln in Bädern und WCs sollten beidseitig der Spiegel montiert werden können, damit das Gesicht der Nutzer gleichmäßig ausgeleuchtet wird und keine Schatten entstehen.
Kabel, die über den Rohdecken (in der Ebene der Dämmung unter dem Estrich) in Laufwegen der Baustelle verlegt werden, sollten mit Schutzrohren ummantelt sein, um Beschädigungen während der Bauphase zu vermeiden.
In Eigentumswohnungen wird häufig beklagt, dass der Gong der Klingel nicht in allen Räumen zu hören ist. Hier sind ggf. Funkanlagen eine Lösung.
In der üblichen Sprechanlage von Mehrfamilienhäusern kann auf Wunsch auch ein Kameramodul eingebaut werden. Dies ist frühzeitig abzuklären. Es reduziert die Kosten, wenn sich mehrere Parteien an dieser Anlage beteiligen. Gleiches gilt für eine SAT-Anlage, sofern diese nicht ohnehin vorgesehen ist.

In vielen Entwurfsplänen sind spätere Schächte für die Versorgungs- und Abwasserleitungen noch nicht enthalten. In diesem Fall sollten Sie sich die späteren Ausführungspläne von Ihrem Anbieter zeigen lassen, bevor mit dem Bau begonnen wird. Möglicherweise schränken die Schächte die Nutzung der Räume an einigen Stellen erheblich ein, wenn beispielsweise die Raumbreite dadurch so reduziert wird, dass Sie keinen Schrank mehr in der vorgesehenen Größe aufstellen können. Werden die Hauptsteigeleitungen nicht in Schächten, sondern in Wandschlitzen verlegt, werden die geforderten Schallschutzwerte häufig nicht eingehalten. Für Abflussleitungen gibt es geeignete Rohre mit schalldämmenden Eigenschaften.
In Wohnungstrennwänden dürfen Be- und Entwässerungsleitungen meistens nicht unter Putz verlegt werden, weil der für den Schallschutz erforderliche Wandquerschnitt dadurch reduziert wird. Leitungen, beispielsweise für die Küchenspüle, müssen dann auf der Wand verlegt werden. Dies ist unproblematisch, da sie im Unterschrank „verschwinden".

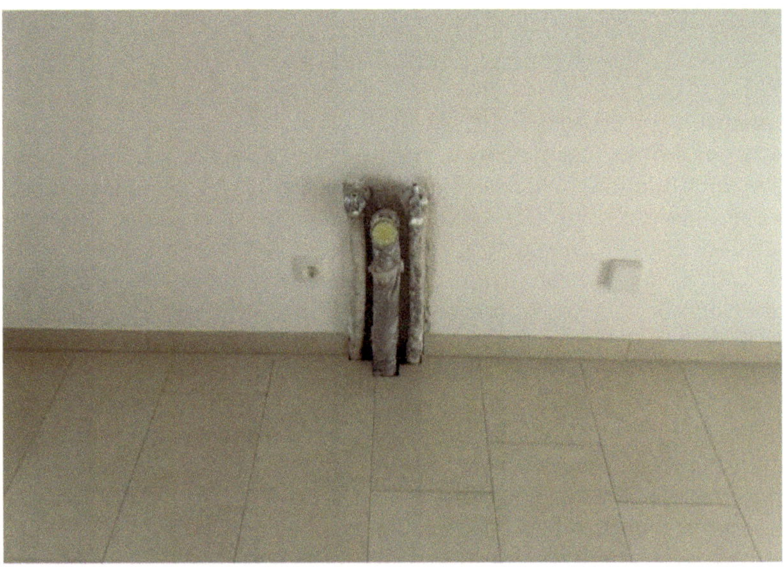

Auf der Wohnungstrennwand verlegte Wasser- und Abwasserleitungen

Bei der Verlegung von Heizungs-/Sanitärleitungen ist darauf zu achten, dass alle Leitungen isoliert werden (eine Ausnahme sind die Leitungen der Fußbodenheizung, die natürlich Wärme abgeben sollen). Bei der Isolierung der Wasserleitungen handelt es sich um Dämmung, die das Warmwasser vor Abkühlung und das Kaltwasser vor Erwärmung und damit vor Legionellen schützen soll. Gleichzeitig übernimmt sie auch Schallschutzfunktionen. Bei der Isolierung der Abwasserleitungen handelt es sich vorwiegend um Schalldämmung, gleichzeitig soll jedoch durch deren Verwendung auch die Schwitzwasserbildung vermieden werden.
Lüftungsleitungen benötigen teilweise (zum Beispiel in unbeheizten Bodenräumen) Wärmedämmung, dagegen bei der Verlegung im Fußbodenaufbau oder im Bereich von Schächten, wo die Gefahr von Schallbrücken besteht, eher Schalldämmung. Warmwasserleitungen sind nachvollziehbar dicker zu isolieren als Kaltwasserleitungen.

Zwischen beiden Leitungen sollte bei längeren Strecken ein ausreichend großer Abstand vorgesehen werden, der verhindert, dass die Warmwasserleitungen die Kaltwasserleitungen erwärmen. Dies gilt natürlich auch für die häufig neben den Wasserleitungen verlegten Heizungsleitungen.
Die Isolierung von Versorgungsleitungen sollte, sofern sie im Fußbodenaufbau verlegt wird, möglichst aus trittfester, feuchtigkeitsunempfindlicher Dämmung bestehen, andernfalls sind die Rohrisolierungen nachzuarbeiten, wenn Beschädigungen während der Bauphase entstehen.
Sinnvoll ist es, die Sanitäreinrichtungsobjekte frühzeitig auszuwählen, da sie teilweise nicht unerhebliche Lieferzeiten haben und bereits die Installation beeinflussen können. So benötigt eine Waschtischhalbsäule (unterseitige Verkleidung des Siphons aus einem Porzellanformteil) andere Abstände der Eckventile (Absperrhähne) als ein unverkleideter Siphon.
Bei der Planung von Sanitäreinrichtungen sollten Laufwege von mindestens 75 cm zwischen den Einrichtungsgegenständen beachtet werden, Duschen möglichst 0,90/0,90 m oder größer sein und Dusch- und Badewannen so tief wie möglich eingebaut werden (z.B. auf der Rohdecke), um einen möglichst bequemen Ein-

stieg zu ermöglichen. Bei allen Objekten ist auf eine fachgerechte Schalltrennung von den angrenzenden Bauteilen zu achten, dafür gibt es handelsübliche Trennlagen, die dann allerdings auch fachgerecht, z.B. an und unter den Bade- und Dachwannenrändern eingebaut werden müssen.
Aufputzarmaturen sind Unterputzarmaturen vorzuziehen, da sich diese auch nach Jahren noch problemlos wechseln lassen, Ersatzteile für Unterputzarmaturen dagegen häufig nach wenigen Jahren nicht mehr zu bekommen sind.

Trittfeste, eckige Dämmung von Rohrleitungen, optimal für die angrenzende Verlegung der Dämmplatten unter dem Estrich

Bei Duschtrennwänden, die selten im Leistungsumfang von Bauträgern enthalten sind, ist besonders auf die problemlose Reinigung zu achten. Rahmenlose Drehtüren sind aufwendig geführten Schiebetüren vorzuziehen.
Badewannenarmaturen werden in der Regel näher zum Fußende montiert, es sei denn, die Wanne wird von 2 Personen gleichzeitig genutzt, dann würde man sie mittig anordnen und einen Mittelablauf in der Wanne vorsehen.
Duscharmaturen werden auch meist außermittig montiert, um mittig Platz für die Duschstange zu haben. Dabei sollte die Duschstange möglichst in der Nähe der Duschtür liegen, um den Brausekopf (z.B. bei Reinigungsarbeiten) auch bequem erreichen zu können, ohne in die Dusche treten zu müssen, wie es bei gegenüber der Duschtür angeordneten Duschstangen nötig wäre.
Geflieste, bodengleiche Duschen verursachen einen erhöhten Reinigungsaufwand, da sich in den regelmäßig feuchten Fugen der Bodenfliesen Seifenreste, Staub, Hautpartikel usw. festsetzen, deren organischen Bestandteile zur Schimmelbildung neigen (in bodengleich gefliesten Duschen wird häufig kleinteiliges Mosaik mit hohem Fugenanteil eingebaut, bei dem immer auch mehr Wasser, als bei vorgefertigten, ebenfalls bodengleichen, Duschwannen, stehen bleibt).
Beliebt sind auch bodengleich geflieste Duschen, die ohne Duschtrennwand auskommen. Hier sollte eine Tiefe von 1,50 m nicht unterschritten werden, außerdem ist die gesamte Bodenfläche des Raumes hochwertig abzudichten.
Bei WC-Anlagen werden Tiefspüler den Flachspülern, auf Grund der geringeren Geruchsbelästigung, vorgezogen.
Sollten Heizkörper zur Ausführung kommen, ist auch hier die Lage zu klären, dies gilt insbesondere für Badheizkörper, die selbst bei Fußbodenheizungen häufig zum Einsatz kommen, weil die Böden in Bädern häufig keine ausreichend große Heizfläche bieten.
Die Lage von Unterverteilungen der Fußbodenheizungen sind ebenfalls vor Baubeginn abzustimmen.
Bei Lüftungsanlagen gibt es, wie schon erwähnt, unterschiedlichste Ausführungen.
Dezentrale Lüftungsanlagen in jeder einzelnen Wohnung können erhebliche Einschränkungen bei der Nutzung der einzelnen

Räume zur Folge haben, wenn beispielsweise Decken in Bädern und Fluren abgehängt oder Rohre großflächig verkleidet werden müssen. Auch die Lüftungsauslässe sitzen nicht immer an Stellen, wo man sie gerne hätte (beispielsweise im Fußboden), wo die Abdeckungen, je nach Ausführung, auch in Materialdicke überstehen und somit eine Stolperkante bilden. Dies gilt es im Vorfeld abzustimmen.

Die Putzarbeiten

Nach den Putzarbeiten werden häufig feine Risse beanstandet. Diese sind unproblematisch und in der Regel nicht zu vermeiden. Der Putz trocknet je nach Untergrund, Dicke und Lage im Gebäude unterschiedlich schnell. Bei Materialwechseln (z.B. Mauerwerk zum Rollladenkasten, Mauerwerk zu Betonbauteilen usw.) sind Risse ebenfalls unvermeidbar.
Auch bei großen Deckenspannweiten und auskragenden Decken sind Risse im aufstehenden Mauerwerk kaum zu vermeiden. Sie können lediglich durch Gewebeeinlagen auf ein Minimum reduziert werden, stellen sich aber nicht immer an den angenommenen Stellen ein. Sie sollten daher hingenommen werden und können bei der 1. Renovierung ohne großen Aufwand überarbeitet werden. Tapeten können sogar meist ohne Beachtung dieser Risse aufgebracht werden und zeigen sich anschließend eher selten. Bei Gebäudedehnfugen ist die Fuge in der Wandverkleidung dagegen selbstverständlich zu übernehmen.

Putz sollte nicht auf nasses und gefrorenes Mauerwerk aufgetragen werden. Bei großer Hitze ist ggf. auch eine Nachbehandlung nötig, damit der Putz nicht zu schnell trocknet. Großflächig hohl liegender Putz (nicht hohlklingender Putz, der auf einem leichten Untergrund, z.B. einem Rollladenkasten oder einem Putzträger aufgetragen wurde) stellt in jedem Fall einen Mangel dar.

Die häufigsten Putzmängel sind leicht runde Innenecken und nicht lotrecht aufgebrachter Putz, was sich später an den Innentürzargen störend bemerkbar macht, da diese heute in der Regel nicht mehr verleistet werden und daher Unebenheiten bei der lotrechten Montage nicht ausgleichen können.

Fugen zu angrenzenden, sich verformenden Bauteilen (z.B. Gipskartonverkleidungen), Dehnungsfugen oder schalltrennende Fugen, z.B. von Treppen im Mehrfamilienhaus zu den angrenzenden Wänden und Decken, sind unvermeidlich und im frischen Putz einzuschneiden, um unregelmäßige Risse zu vermeiden.

Unvermeidlicher und daher hinzunehmender Riss zwischen Gipskarton und Putz

Auch Risse in Außenputzen massiver Außenwände sind, anders als beim Wärmedämmverbundsystem, wo die Dämmschicht den Putz vom Untergrund entkoppelt, nicht völlig vermeidbar. Risse bis 0,2 mm sind daher in der Regel hinzunehmen.

Die Estricharbeiten

Bei Estrichen gibt es auch verschiedene Produkte. Gerne werden selbstnivellierende Estriche, meist auf Gipsbasis, verwendet. Diese reagieren empfindlich auf Feuchtigkeit und sollten daher in Bädern nicht eingesetzt werden. Dies gilt auch für konventionelle Anhydritestriche (Estriche mit einem rissminimierenden Zuschlag, die von Hand eingebaut und geglättet werden), die bei Fußbodenheizungen auch verwendet werden.
In Bädern kommen daher üblicherweise Zementestriche zur Anwendung.
Unvermeidbar, wenn auch störend, sind Aufschüsselungen der Estriche im Randbereich, insbesondere in den Raumecken, während der Trocknungsphase und in der Folge der ersten Jahre nach dem Bezug der Häuser. Die Estrichränder trocknen schneller als die Fläche (vergleichbar mit einer Scheibe Brot, die sich beim Trocknen aufwölbt) und bewegen sich nur sehr langsam durch ihr Eigengewicht wieder in ihre Ausgangslage zurück. Meistens sind dann jedoch Fußleisten und Sockelfliesen bereits verlegt und verfugt, so dass es hier nach ein paar Jahren zu hässlichen Rissen und klaffenden Fugen kommt.
Da dieser Vorgang unvermeidlich ist, stellen sie einen hinzunehmenden Mangel dar.

Abgerissene Silikonfuge zwischen Sockel- und Bodenfliese

Bei Fußbodenheizungen sollten Messpunkte im Estrich angelegt werden, damit dort die Feuchtigkeit vor dem Einbau der Beläge gemessen werden kann.
Um Spannungen im Estrich gezielt abzuleiten, werden die Estriche häufig in den Türleibungen und an Wandversprüngen eingeschnitten. Dies ist nicht bei allen Estrichen erforderlich (beispielsweise nicht bei den schon genannten Anhydritestrichen).

Falls Schnitte vorgesehen werden, sind diese üblicherweise unter den geschlossenen Türblättern bzw. an den Stellen vorzusehen, an denen ein Belagswechsel erfolgen soll.
In Estrichen unter Fliesenbelägen sollten risshemmende Bewehrungen, z.B. Glasfasern, eingebaut werden (sie können in den Estrich eingemischt werden).
Vor dem Estricheinbau sind die Belagsdicken abzustimmen und dem Estrichleger anzugeben, wenn man Absätze zwischen den verschiedenen Bodenbelägen vermeiden möchte.
Bei allen dampfdichten und feuchtigkeitsempfindlichen Belägen (z.B. Vinyl, Parkett, Laminat) sind unter dem Estrich Dampfsperren einzubauen.
Die unter dem Estrich eingebauten Dämmplatten lassen sich nicht immer lückenlos verlegen. Diese Fehlstellen sind mit Schüttungen aufzufüllen, die nach dem Einbau standfest verkleben.

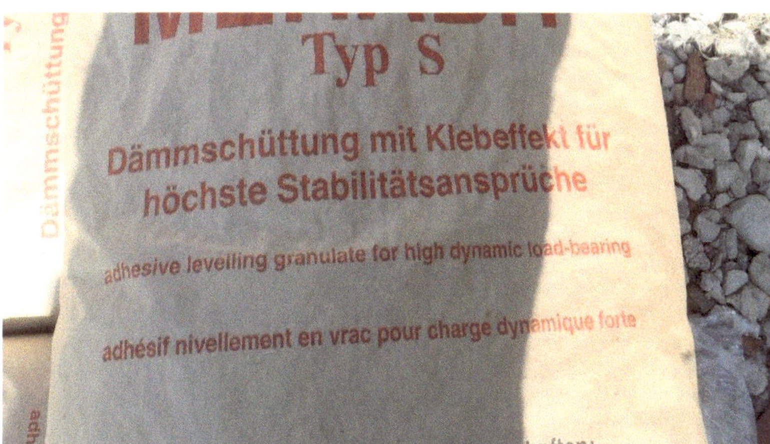

Eine von vielen standfesten Dämmschüttungen

Die Trockenbauarbeiten

Die Arbeiten, die in Leichtbauweise erstellt werden, werden Trockenbauarbeiten genannt, nicht zuletzt, weil weitgehend trockene Baustoffe zur Anwendung kommen. Üblicherweise sind dies in Wohnungsbauten die Verkleidungen der Dachschrägen mit Gipskartonplatten, nach vorherigem Einbau der Dämmung und einer winddichten Dampfsperre, die üblicherweise mit geeigneten Dichtstoffen an das angrenzende Mauerwerk angeklebt werden.
In Nassräumen sind feuchtigkeitsunempfindliche Platten (zur besseren Unterscheidung grün eingefärbt) zu verwenden, bei Brandschutzanforderungen entsprechende Feuerschutzplatten, die einen zusätzlichen Aufdruck bekommen.
Die Fugen dieser Platten werden verspachtelt. Üblich sind 2 Spachtelvorgänge, die einen ausreichenden Untergrund für schwere Tapeten darstellen. Oberflächen mit höheren Anforderungen benötigen zusätzliche Spachtelgänge, die ggf. auch der Maler ausführen kann und sollte, da der Trockenbauer den Ansprüchen des Malers häufig nicht gerecht wird, auch wenn das nicht immer berechtigt ist. Zu den Trockenbauarbeiten gehören aber auch evtl. Rohr- und Schachtverkleidungen (sofern nicht gemauert), auf Wunsch oder bei entsprechenden Anforderungen auch besondere Deckenverkleidungen (z.B. Akustikdecken), aber auch Gipskartonwände und Trockenestriche (z.B. in Bodenräumen auf Holzbalkendecken) bis hin zu Verkleidungen von Vorwandinstallationen im Sanitärbereich.

Die Fliesenarbeiten

Fliesen sollte man, ähnlich wie die Elektroinstallation, mit dem Handwerker vor Ort abstimmen. Die Auswahl ist rechtzeitig zu treffen, da Fliesen teilweise erhebliche Lieferzeiten haben.
Gute und aktuelle Wand- und Bodenfliesen sind derzeit schon für 30,00 EUR/qm zu bekommen. Kostentreibend sind kleinteilige Fliesen (Mosaike), aber auch sehr große Fliesen (z.B. 1,00x1,00 m), Dekore, die lange Zeit beliebt waren und aufwendige Verlegungen mit viel Verschnitt.

Überhaupt sollten Wandfliesen nur an den Stellen vorgesehen werden, wo sie benötigt werden. Über waagerechten Flächen (z.B. abgemauerten WC-Spülkästen), sollte jedoch immer mind. noch eine Reihe Fliesen vorgesehen werden, damit man bei der Pflege diese Flächen mit dem Lappen nicht an der gestrichen Wand entlang wischt.
Raumhoch geflieste Räume neigen verstärkt zum Schwitzen und damit zur Schimmelbildung, wenn keine geeigneten Gegenmaßnahmen (Abluftanlagen) getroffen werden.
Von sehr großformatigen Fliesen ist eher abzuraten. Sie benötigen zum Ausgleich der zulässigen Unebenheiten ein sehr dickes Klebebett und bei Bodenfliesen nicht selten Entkoppelungsmatten zum Untergrund, um Risse zu vermeiden. Nicht alles, was angeboten wird, ist sinnvoll und wird von den Handwerkern beherrscht.
Höhendifferenzen sind daher hinzunehmen, wenn Sie 1,5 mm nicht überschreiten, was schon sehr viel ist (ungefähr die Dicke einer 1 Cent-Münze)
Bodenfliesen sind überall dort, wo Fußbodenheizungen vorgesehen sind oder der Boden häufig feucht wird, nach wie vor die optimale Lösung. Sie sind unempfindlich, heute fast in jedem Dekor (auch mit Holzdekor) zu bekommen und sorgen für eine gleichmäßige Verteilung der Wärme bei Fußbodenheizungen.
Vor der Verlegung der Fliesen auf Fußbodenheizungen ist jedoch der Boden nach vorgegeben Regeln aufzuheizen. Dabei sind Trocknungsfristen einzuhalten und es ist vom Heizungsbauer ein Protokoll anzufertigen, das dem Fliesenleger und allen anderen, die Bodenbeläge aufbringen, zur Verfügung gestellt werden muss. Unabhängig davon ist die Restfeuchtigkeit vom Fliesenleger (gilt auch für die Verlegung anderer Bodenbeläge) vom jeweiligen Verleger eigenverantwortlich zu messen.
Für die Abdichtung von Nassbereichen sind geeignete Flüssigfolien oder Bahnenware zu verwenden (auf Gipskartonflächen vorzugsweise Bahnenware). Gefordert ist bei häuslichen Bädern grundsätzlich eine Abdichtung auf den Bodenflächen, die mind. 5 cm an den nicht mit Feuchtigkeit belasteten Wänden hochzuführen ist, inkl. der Türleibungen, sofern diese zum Raum gehören und keine Stahlzargen eingebaut wurden. Auch hinter Badewannen sind, wie bei Duschen, mind. bis 20 cm über die Wasserentnahmestelle und seitlich, neben der Badewanne, die Wände abzudichten. Wenn in der Badewanne auch geduscht

wird, sind die Wände bis 20 cm über die höchste Entnahmestelle der Brause abzudichten.
Bei bodengleich gefliesten Duschen ist der gesamte Boden des Badezimmers höherwertig abzudichten, wenn nicht sichergestellt ist, dass die bodengleiche Dusche durch eine Duschtrennwand vom übrigen Boden getrennt ist.
Flüssigfolien müssen sehr strenge Anforderungen erfüllen, z.B. muss eine Mindestschichtdicken eingehalten werden, die nur in mehreren Arbeitsgängen erreicht werden kann. Außerdem dürfen in den Ecken ausschließlich Formteile verwendet werden.
Es ist daher evtl. sinnvoll (mindestens bei bodengleichen Duschen) Bahnenware für die Abdichtung zu verwenden. Silikonfugen gelten grundsätzlich nicht als Teil der Abdichtung.

Die Abdichtung an Dusch- und Badewannenrändern kann nur fachgerecht vom Fliesenleger erstellt werden, wenn schon bei der Wannenaufstellung vom Sanitärinstallateur ein geeigneter Dichtstreifen zum Übergang an die Wand (bei bodengleichen Duschen auch zum Boden) eingebaut wird.
Bodenfliesen sind, wie der Estrich, von angrenzenden Bauteilen vollständig durch entspr. Fugenausbildung zu trennen, andernfalls entstehen Schallbrücken. Dazu sind die vom Estrichleger oder Heizungsbauer eingebauten Estrichrandstreifen erst nach der Verlegung der Bodenfliesen, unmittelbar oberhalb des Belages, abzuschneiden.
Dies gilt bei Mehrfamilienhäusern auch für die Fugen zwischen Bodenbelägen und Treppen, bzw. Treppenbelägen und Treppensockeln.
Wenn verhindert werden soll, dass bei nicht Tür-hoch gefliesten Wänden die Zargen später um Fliesendicke (+Kleber) vom Putz abstehen, müssen die Wandfliesen, genauso wie die Sockelfliesen, später an die Tür angearbeitet werden. Hierbei kann es sich um eine Zusatzleistung handeln, die im Vorfeld abgesprochen und ggf. gesondert vergütet werden muss.

Von Fliesen sollte jeweils ausreichend Ersatz zurückgelegt werden, da sich die Muster häufig ändern und der Brand unterschiedlich ausfallen kann. Passende Fliesen nach längerer Zeit nach zu bekommen, kann, wenn es überhaupt gelingt, sehr teuer werden.

Schalltrennung (blaue Matte) an den seitlichen Rändern des Treppenlaufes (hier noch nicht bis zum oberen Ende des Treppenlaufes fertiggestellt)

Bei Innenfensterbänken empfehlen sich Kunststeinplatten (z.B. Micro Carrara), da sie häufig unempfindlicher sind. Sie sollten vorzugsweise nach den Putzarbeiten eingebaut werden oder durch entspr. Schutzfolien vor Beschädigungen geschützt werden.

Die Innentüren

Auch Innentüren haben teilweise sehr lange Lieferzeiten. Sie sind daher frühzeitig auszuwählen.

Wohnungstüren zu Fluren oder Treppenhäusern müssen Schallschutzanforderungen genügen und sollten daher vorzugsweise Stahlzargen erhalten. Stahlzargen lassen sich leichter vollständig (zudem mit hohem Gewicht durch den dafür eingesetzten Mörtel) verfüllen und vermeiden dadurch Schallbrücken. Abgesehen davon sind sie robuster, was bei einer stark beanspruchten Tür, wie der Wohnungstür, eher von Vorteil ist.
Für Innentüren sind Stahlzargen weniger beliebt. Sie haben jedoch die schon genannten Vorteile. Allerdings sind sie noch vom Maler zu bearbeiten, da sie nur über einen Rostschutzanstrich verfügen. Dafür lassen sie sich aber auch jeder Zeit nachbessern und gestalterisch anpassen. Wichtig ist, dass Stahlzargen möglichst vom Türbauer eingebaut werden, um spätere Gewährleistungsfragen (z.B. in der Höhe nicht passend eingebaute Zargen) ausschließen zu können. Stahlzargen haben werkseitig einen sogenannten Meterstrich (1,00 m über der Oberkante des fertigen Fußbodenbelages = OKFF), der beim Einbau der Zarge zu berücksichtigen ist.
Innentüren werden heute industriell gefertigt und vor Ort lediglich noch zusammengebaut und montiert. Wie schon erwähnt, können auch zulässige Unebenheiten im Putz nicht ausgeglichen werden. Eine Verleistung ist in der Regel nicht vorgesehen. Daher sind Fugen zwischen Putz und Zarge üblicherweise vom Maler mit Acryldichtstoff auszufüllen und mit zu tapezieren bzw. zu streichen.
Innentüren haben werkseitig bis zu 8 mm Luft zum Bodenbelag. Vielen erscheint dies sehr viel. Für eine Abluftanlage, bei denen frische Luft unter den Türen nachströmen soll, sind aber bis zu 10 mm erforderlich. Türen können normalerweise noch abgehobelt werden, ohne Schaden zu nehmen, so dass eine Anpassung auch nachträglich vorgenommen werden kann. Die gilt auch für übliche Lüftungsgitter und Verglasungen. Änderungen an Ganzglastüren sind dagegen nicht möglich, so dass diese besonders sorgfältig zu planen sind.
Bei Schiebetüren sind teilweise keine Zargen vorgesehen. In diesem Fall sind die Leibungen der Öffnung mit zu putzen, was dem Planer seitens des Bauenden anzugeben ist. Außerdem wird das Türblatt nicht immer an der gleichen Stelle eingebaut, wie bei normalen Innentüren, so dass ein Wechsel von Bodenbelägen,

der normalerweise unter dem Türblatt versteckt wird, genau zu planen ist.

Ein derart großer Spalt lässt sich nicht mehr versiegeln und muss verleistet werden.

In unbeheizten Kellern sollten Stahlzargen und keine Holztürblätter, sondern sogenannte ZK-Türblätter aus verzinktem und pulverbeschichtetem Metall verwendet werden. Diese verziehen sich nicht bei unterschiedlichen Temperaturen und unter Feuchtigkeitseinflüssen.
Die Türblätter in den Wohnungen/Häusern sollten mit Röhrensteg- besser mit Röhrenspanfüllung gefertigt sein. Bei unterschiedlichen Raumtemperaturen auf den beiden Türseiten sind außerdem sogenannte Klimaklassen einzuhalten, damit die Türen sich nicht verziehen.
Holzzargen werden meistens aus beschichteten oder furnierten Spanpatten hergestellt und sind deshalb zu allen wischbaren Belägen elastisch zu versiegeln, um zu vermeiden, dass die Spanplatten durch eindringende Feuchtigkeit aufquellen.

Innentüren haben meistens Umfassungszargen. Bei wandbündigen Zargen (z.B. Blockzargen) können die erforderlichen Öffnungsgrößen abweichen. Dies ist frühzeitig zu klären.
Auch die Höhe der Türöffnung geht tendenziell eher zu 2,135 m lichter Mauerwerksöffnung.
Wenn sich die Türen in der Anfangszeit schwer schließen lassen, liegt das häufig an den noch etwas steifen Dichtungen. Dies ändert sich im Laufe der Nutzungsdauer. Deshalb sollte man nicht frühzeitig dafür vorgesehene Wölbungen aus den Schlossfallen herausschleifen.
Auch in der Anfangszeit leicht verzogene Türblätter (durch die noch hohe Baurestfeuchte) passen sich später, wenn der Bau ausreichend trocken ist, meistens wieder ihrer ursprünglichen Form an.
Bei Türen, die neben Brandschutz- auch Rauchschutzfunktionen übernehmen, sind die für die Zylinder vorgesehenen Öffnungen mit sogenannten „Blindzylindern" zu schließen, um die Rauchausbreitung durch das „Schlüsselloch" zu verhindern.

Rauchschutztür mit nicht schließbarem, rauchdichten Zylinder verschlossen

Die Treppen

Treppen gibt es aus den unterschiedlichsten Baustoffen. Sie werden daher von ganz unterschiedlichen Gewerken erstellt.
Der Maurer erstellt Treppen häufig aus Stahlbeton. Sie kommen meistens in Mehrfamilienhäusern zum Einsatz und sind dort in der Regel schalltrennend von den übrigen Bauteilen einzubauen. Sie werden anschließend, je nach Oberflächenqualität (auch Sichtbeton ist möglich) noch vom Putzer unterseitig und seitlich geputzt und erhalten einen Belag aus Fliesen, Kunst- oder Natursteinplatten. Bei Stufenbelägen aus Fliesen sind ggf. Eckschutzschienen an den Stufenkanten erforderlich, die häufig im Preis des Bauträgers nicht berücksichtigt sind, aber benötigt werden, wenn die Fliesen keine behandelte Kante aufweisen. Falls doch (z.B. bei Feinsteinzeug) kann und sollte auf die Eckschutzschienen verzichtet werden, da sie ggf. bei der Nutzung der Treppen Schaden nehmen.
Von Treppenbelägen aus Holz ist eher abzuraten, da der Beton mehr und länger Feuchtigkeit speichert, die er dann an die Holzbeläge abgibt. Teilweise verziehen sich die Stufen in der Folge dadurch.
In 1-Familienhäusern kommen häufig Treppen aus Holz zum Einsatz. Diese fertigt der Tischler bzw. verarbeitet industriell erzeugte Treppen vor Ort weiter. Hier gibt es die unterschiedlichsten Arten von Holztreppen, alle mit ihren Eigenarten. Beliebt sind seit Jahren freitragende Treppen, die seitlich in der entspr. geeigneten Mauerwerkswand (vorzugsweise Kalksandstein), d = möglichst 17,5 cm, und im Treppenauge vom Treppengeländer bzw. dem Handlauf getragen werden.
Sehr verbreitet sind auch Treppen mit Stahlunterkonstruktion und Stufen aus Holz. Sie sind preislich sehr attraktiv und bieten den Vorteil, dass sie auch während der Bauzeit als Bautreppe verwendet werden können (dann mit einfachen Bauholzstufen). Allerdings ist ihre Stahlunterkonstruktion meist nur mit einem Rostschutzanstrich versehen und muss später noch recht aufwendig lackiert werden.
Wer mehr Geld ausgeben will, kann auch Treppen aus Glas bekommen.

Im Außenbereich kommen häufig recht preiswerte, verzinkte Treppen zum Einsatz, die industriell vorgefertigt und vom Schlosser weiterverarbeitet werden.
Treppen, die häufig begangen werden, sollten Auftritte von 26 cm Breite haben (in der Lauflinie gemessen) und max. Steigungshöhen von 19 cm nicht überschreiten. Treppen in Mehrfamilienhäusern müssen fast immer mindestens 1,00 m lichte, nutzbare Breite aufweisen (zwischen Wandhandlauf und Treppengeländer), in 1-2-Familienhäuser sind auch 80 (90) cm zulässig (dort ist kein Wandhandlauf vorgeschrieben).
Der Abstand von Füllstäben, wie auch der Untergurt der Treppengeländer zum Podest, darf nicht mehr als 12 cm betragen (damit Kinder ihren Kopf nicht durchstecken können), der Mindestauftritt bei gewendelten Treppen im Abstand von 15 cm zum Treppenauge, mind. 10 cm. Stufen, die nicht bis zur Wand gehen, dürfen max. 6 cm Abstand haben (damit man sich nicht den Fuß einklemmen kann).
Die Kopfhöhe muss 2,00 m betragen.

Die Schlosserarbeiten

Der Schlosser wird nicht an allen Baustellen benötigt. In Mehrfamilienhäuser erstellt er häufig die Treppen- und Balkongeländer.
Treppen müssen in Mehrfamilienhäusern, wie schon erwähnt, einen zusätzlichen Wandhandlauf aufweisen, der optimalerweise, wie auch der Handlauf am Geländer selber, aus Edelstahl gefertigt wird.
Das übrige Geländer wird meistens lackiert angeboten. Hochwertige Ausführungen sind auch mit Glas oder anderen, nicht brennbaren Materialien möglich. Holzhandläufe sind in Treppenhäusern, die als Fluchtweg erforderlich sind, eigentlich nicht zulässig, da brennbare Baustoffe dort nicht verwendet werden sollen. Hier ist ggf. eine Absprache mit dem Brandschutzsachverständigen geboten.
Balkongeländer sollten besser geschlossene Brüstungen aufweisen, da erfahrungsgemäß alle anderen Lösungen nachträglich mit (dann unterschiedlichen) Verkleidungen versehen werden.

Balkone mit geschlossenen Brüstungen

Diese können aus undurchsichtigem, mit matten Folien verklebtem Sicherheitsglas, aber auch aus verschiedenen Plattenmaterialien gefertigt werden. Die übrige Tragkonstruktion sollte verzinkt werden, um laufende Instandhaltungsarbeiten zu vermeiden. Natürlich kann auch Edelstahl verwendet werden. In Küsten-nahen Gebieten ist jedoch Edelstahl weniger geeignet, da Edelstahl dort durch die salzhaltige und feuchte Luft auch Rost ansetzt. Auch Aluminium wird hier angegriffen und ist daher eher nicht geeignet. In allen übrigen Gebieten kann man auch Geländersysteme aus, meist farbig behandeltem, Aluminium verwenden.
Bei verzinkten Geländern sind leichte Beschädigungen, die dann zu Rostflecken führen, nicht immer vermeidbar. Diese dürfen dann mit Kaltzinkfarben nachbehandelt werden.
Dagegen ist Flugrost von nicht abgefegten Metallspänen, die bei Bohrungen entstehen, durchaus vermeidbar.
Da zwischen Balkongeländer und Balkonbelag max. 6 cm Zwischenraum verbleiben darf, empfiehlt es sich ggf. vorhandene Dachrinnen zu überbauen.

Balkongeländer mit unbehandelter Roststelle

Dies ist mit einem Z-förmig gekanteten Winkel denkbar (Z-förmig, damit auf den Winkeln abfließendes Wasser wieder in die Dachrinne geleitet wird), der am Geländer befestigt wird und als Auflager für die Balkonplatten dienen kann.
Sinnvoll ist auch ein Vordach am Hauseingang, sofern dieses nicht durch andere bauliche Maßnahmen, z.B. Dachüberstände oder auskragende Decken, erstellt wird. In diese Vordachkonstruktionen können, sofern sie über eine Seitenwand verfügen, auch Briefkasten- und Klingelanalagen integriert werden.
Bis zu einer Absturzhöhe von max. 1,00 m ist kein Geländer vorgeschrieben. Darüber hinaus müssen Umwehrungen mind. 0,90 m hoch sein, bei einer Absturzhöhe ab 12,00 m, je nach Bundesland, auch 1,10 m. Ist die Umwehrung eine Fensterbrüstung,

reichen meist 0,80 m Höhe. Bei höheren Gebäuden können auch 90 cm erforderlich sein.

Die Malerarbeiten

Malerarbeiten waren früher, neben den Bodenbelägen, klassische Eigenleistungen. Heute haben immer weniger Menschen Zeit, das passende Alter und das handwerkliche Geschick, solche Arbeiten selber auszuführen. Bei Bauträgern wird es jedoch immer noch selten mit angeboten.
Es gibt eine Vielzahl an Gestaltungsmöglichkeiten. Beliebt sind aktuell gestrichene Oberflächen ohne Tapete. In dem Fall sind die Wände vorher glatt zu spachteln und der Anstrich überdeckt max. Haarrisse.
Die Fertigdecken lassen sich immer noch mit Raufaser optimal gestalten, gleicht sie doch leichte Unebenheiten aus und deckt Luftporen in der Oberfläche ab.
Zu vermeiden sind bei Neubauten in jedem Fall dampfdichte Wandbeläge. Sie behindern den Feuchtigkeitstransport der noch vorhandenen Restfeuchtigkeit aus der Bauzeit.
Wände und Decken in Kellern werden von Bauträgern häufig ohne besondere Vorbehandlung gestrichen. Dies führt zu wenig ansprechenden Oberflächen.
Bei Wänden sollten die Fugen von Steinen grundsätzlich geschlossen werden, genauso wie evtl. V-förmige Fugen in Betonwänden und -Decken.

Die Bodenbeläge

Bei Bodenbelägen gibt es eine reichhaltige Auswahl. Teppiche sind aus den verschiedensten Gründen aus der Mode gekommen. Es gibt aber dennoch zahlreiche, sehr strapazierfähige, unempfindliche Teppiche, die auch für Fußbodenheizungen geeignet sind, Staub binden und die Akustik verbessern.
Neben den schon erwähnten Bodenfliesen kommen natürlich auch immer wieder Laminat- und Parkettböden zum Einsatz. Hier ist besonders bei Fußbodenheizungen auf die Eignung zu achten,

da Holz auch als Dämmstoff zu bewerten ist, der den Wärmetransport behindert. Daher eignet sich nicht jeder Parkettboden für Fußbodenheizungen.
Holz arbeitet, deshalb sind bei Parkettböden ausreichend große Randfugen einzuhalten, die durch breitere Fußleisten überdeckt oder mit Kork ausgefüllt werden. Risse zwischen den einzelnen Hölzern bis 0,5 mm sind hinzunehmen. Auch kleinere Hohlstellen unter dem Parkett, soweit der Belag an sich festliegt, einzelne Äste (je nach vereinbarter Qualität) und geringe Staubeinschlüsse in der Versiegelung sollten akzeptiert werden.
Immer häufiger sind auch sogenannte Designböden aus Vinyl anzutreffen, die durch ihre zahlreichen Gestaltungsmöglichkeiten und ihre leichte Pflege überzeugen. Sie lassen sich optisch teilweise kaum von Parkett oder Steinböden unterscheiden und sind für Fußbodenheizungen auf Grund ihrer geringen Dicke gut geeignet.
Allerdings werden die Fugen normalerweise nicht verschweißt, so dass sie auf länger stehendes Wasser empfindlich reagieren. Dies sollte an Ein- und Ausgängen berücksichtig werden.
In jedem Fall ist ausreichend Material für Ausbesserungen zurück zu legen.
Bei allen Böden ist sicherzustellen, dass der Unterbau ausreichend abgetrocknet ist. Die notwendigen Messungen sollte man einem Fachmann überlassen.

Das Wärmedämmverbundsystem (WDVS)

Wärmedämmverbundsysteme gibt es in verschiedenen Ausführungen. Am weitesten verbreitet sind WDVS-Systeme aus Hartschaum, weil sie preislich attraktiv sind. Daneben sind Systeme aus nicht brennbaren Dämmstoffen (Stein-/Mineralwolle) und wenige aus anderen Dämmstoffen zu bekommen.
Mineralwolle ist diffusionsoffener (dampfdurchlässiger) als Hartschaumplatten und lässt sich in Kombination mit mineralischen Putzen ohne chemische Zusätze leichter entsorgen als Hartschaumplatten. Unebenheiten lassen sich jedoch nicht so gut ausgleichen, weil die Dämmung sich kaum nacharbeiten lässt.

WDVS-Systeme lassen sich mit mineralischen und zementfreien Putzsystemen beschichten. Beide haben Vor- und Nachteile. Mineralische Systeme sind empfindlicher in der Oberfläche, aber auch günstiger und nachhaltiger.
Zementfreie Putze sind elastischer als mineralische Putze.
WDVS-Systeme neigen, hauptsächlich auf Grund der geringen Putzdicke, alle mehr oder weniger zur Veralgung bzw. Schimmelbildung und bedürfen daher einer regelmäßigen Reinigung bzw. Überarbeitung durch neue Anstriche. Dickere Putzsysteme und algizide (Algen-reduzierend) und fungizide (Schimmelpilz-reduzierend) Zusätze verzögern diese Entwicklung. Die Zeiträume können, abhängig von der Umgebung, der Himmelsrichtung und der verwendeten Systeme, sehr unterschiedlich und teilweise auch kürzer ausfallen als die Gewährleistungsfristen, ohne einen anerkannten Mangel darzustellen.
Systeme aus Hartschaum benötigen bei höheren Gebäuden (ab 4 Geschosse) sogenannte waagerechte Brandriegel aus nicht brennbaren Dämmstoffen, die eine Weiterleitung von Bränden verhindern sollen. Dies gilt auch für senkrechte Brandriegel an Grundstücksgrenzen von sonstigen Gebäuden, wie beispielsweise Reihenhäusern.

Laubengänge und Deckenuntersichten sollten immer mit nicht brennbaren Dämmstoffen verkleidet werden. Im Erd- und Spritzwasserbereich sind Dämmstoffe zu verwenden, die kein Wasser aufnehmen (sogenannte Perimeterdämmungen). Die Putze sind im Sockelbereich vor eindringendem Wasser zu schützen. Dabei dürfen die einzuarbeitenden Gittergewebe nicht unbearbeitet sichtbar bleiben.

Außenputze (auch auf den Wärmedämmverbundsystemen) weisen immer wieder störende Ansätze auf, die dadurch entstehen, das entsprechend der Gerüstlagen in Abschnitten gearbeitet wird und der Putz dann zeitweise schon angetrocknet ist bzw. am Übergang nicht ausreichend durchgerieben wird.
Diese Mängel sind häufig erst nach der Gerüstdemontage zu erkennen und dann häufig nicht mehr mit vertretbarem Aufwand zu beseitigen, weil die Fassadenfläche im schlimmsten Fall abschnittsweise noch einmal neu geputzt werden müsste. Hier muss man sich ggf. über einen Minderpreis abstimmen.

Putzansätze in Höhe der vorherigen Gerüstlagen zu erkennen.

Die Garage

Für Mehrfamilienhäuser werden zunehmend Tiefgaragen erstellt. Bei diesen wird häufig die Zufahrtsrampe am Rampenanfang und -Ende zu steil erstellt, so dass die Fahrzeuge leicht aufsetzen. Während die Rampe selber bis zu 15 % Neigung aufweisen darf, muss der Übergang zur Straße auf einer Länge von 3,00 m unter 10% Neigung aufweisen. Bei Neigungswechseln von mehr als 8 % dürfen Kuppen auf 1,50 m Länge und wannenartige Übergänge am unteren Ende auf 2,50 m Länge Übergänge mit einer Neigungsdifferenz von max. 50 % aufweisen.
Die Einstellplätze müssen in aller Regel (kann von Bundesland zu Bundesland ggf. abweichen) mind. 2,30 m breit und 5,00 m lang sein. Bei einer seitlichen Begrenzung (z.B. durch eine Wand), muss der Einstellplatz mind. 2,40 m breit sein, bei beidseitigen Begrenzungen sogar 2,50 m. Fahrgassen müssen mind. 2,75 m breit sein, vor den Einstellplätzen, bei einer Einstellplatzbreite von 2,30 m und 90 °-Aufstellung, mind. 6,50 m (bei 45° mind. 3,50 m) und bei einer Einstellplatzbreite von 2,50 m und 90°-Aufstellung mind. 5,50 m (bei 45° Aufstellung mind. 3,00 m).
Die Tiefgaragen müssen mind. 2,00 m hoch und ausreichend belüftet sein. Die Lüftung kann auch über Außenwandöffnungen

gewährleistet werden. Zwischen Garage und angrenzenden Fluren ist eine Schleuse mit Brandschutztüren vorzusehen. Die Böden der Tiefgarage sollten (auch an den Wänden, mind. 15 cm hoch) beschichtet oder asphaltiert werden (auch hochwertige Betone sind zulässig) und ein ausreichendes Gefälle von mind. 2,5 % aufweisen.
Sowohl bei Mehrfamilienhäusern, als auch bei 1-Familienhäusern, werden immer wieder auch Fertiggaragen aus Beton an Stelle der Tiefgaragen erstellt, wenn die Grundstücksgröße dies zulässt. Bei diesen wird häufig auf geeignete Fachdachabschlüsse verzichtet, was hässliche Schmutzlaufstreifen zur Folge hat.

Fertiggarage mit Flachdachabschluss aus geeignetem Aluminiumprofil und Spritzschutzstreifen (Pflasterstreifen)

Auch ein Spritzschutzstreifen entlang der Garagenwände ist sinnvoll. Fertiggaragen aus Beton dürfen Risse bis 0,4 mm aufweisen. Auch dadurch eindringendes Wasser ist unbedenklich, sofern es nicht abtropft bzw. an den Wänden abläuft.
Bei ungünstigen Witterungsverhältnissen kann es auch gelegentlich zur Bildung von Kondenswasser kommen, insbesondere,

wenn durch die Fahrzeuge Feuchtigkeit in die Garage „eingeschleppt" wird.
Für die Aufstellung solcher Garagen sind neben den passenden Fundamenten auch noch Vorkehrungen nach den Vorgaben der Hersteller für die Anlieferung zu treffen.
Garagen dürfen, genauso wie Carports, in der Regel bis 9,00 m Länge und 6,00 m Breite (insgesamt max. 15,00 m) direkt an der Grundstücksgrenze errichtet werden, sofern sie nicht höher als 3,00 m über dem gewachsenen Boden errichtet werden (Achtung: wenn der Boden angefüllt wird, reduziert sich die Höhe entsprechend, andernfalls sind entspr. Vereinbarungen mit dem Nachbarn zu treffen).

Der Carport

Carports sind eine preiswerte und sinnvolle Alternative zu Garagen. Die in Baumärkten angebotenen Bausätze sind jedoch nicht alle zu empfehlen. Hier ist auf eine stabile und vollständige Ausführung zu achten.

Carport mit aussteifenden Kopfbändern und eingerückten Stützen

Sehr leichte Dacheindeckungen aus transparenten Wellplatten, ohne Dachrinne und Dachabschlüsse sind eher nicht zu empfehlen. Viele Zimmereibetriebe und Dachdecker bieten auch Komplettleistungen (allerdings meistens ohne Fundamente und Statik) an. Sinnvoll ist es, möglichst keine Stützen im Bereich der Autotüren vorzusehen, sie behindern das Ein- und Aussteigen. Die vordere Stützenreihe (zur Fahrbahn) sollte auch nicht an den Außenecken stehen, sondern mindestens 50 cm eingerückt werden. Sie erschweren sonst das Ein- und Ausparken.
Carports werden häufig mit Gartengeräteräumen kombiniert. Hier sollte man Wert darauf legen, dass die Verkleidung der Außenwände keinen Kontakt zum Erdreich hat (ggf. ist ein Betonsockel als Aufkantung sinnvoll).
Die Türen sollten einen stabilen Rahmen bekommen.

Außenabstellraumtür mit verzugsfreiem Stahlrahmen

Bei der Montage von Regenfallrohren an den Carportstützen ist darauf zu achten, dass die Fundamente im Erdreich nicht zu hoch angeordnet werden, um die Verlegung der anschließenden Erdleitungen zu behindern.

Vorab wäre auch zu klären, ob Verbindungsmittel (Schrauben) der einzelnen Hölzer sichtbar sein dürfen, bei Holzcarports vorgestrichene Hölzer verwendet werden sollen, Kopfbänder (diagonal angeordnete Hölzer) zur Aussteifung möglich oder eher hinderlich sind (dann muss die Aussteifung möglicherweise durch eingespannte Stützen erfolgen) und eines oder mehrere Stirnbretter die Schnittkanten der Dachhölzer verdecken sollen. Auch die Dachneigung ist festzulegen (mind. 2 % = 2 cm/m).

Die Außenanlagen

Außenanlagen erfordern in vielen Fällen auch eine Fachplanung. Mit dieser sind Architekten häufig überfordert. In manchen Fällen können die Garten- und Landschaftsbauer (Galabauer) diese Aufgabe übernehmen, vereinzelt sind aber auch Fachingenieure hinzuzuziehen.
Zu empfehlen ist grundsätzlich, die Außenanlage vom Haus durch eine (bei druckempfindlichen Untergründen kaschierte) Noppenbahn zu trennen und einen umlaufenden Spritzschutz aus einem Kies- oder Plattenstreifen vorzusehen. Alle ans Haus angrenzenden Flächen sollten zum Haus ansteigen.
Anfallendes Regenwasser sollte immer auf dem eigenen Grundstück abgeführt werden. Garagenzufahrten und Stellplätze sind, je nach Bundesland/Kommune, mit überwiegend versickerungsfähigem Material zu pflastern, sofern das Regenwasser nicht durch andere Maßnahmen auf dem Grundstück versickern kann (z.B. Mulden oder Pufferspeicher).
Nebengebäude, wie Gartenhäuser, dürfen ohne Genehmigung nur in begrenzter Größe und Stückzahl errichtet werden. Hier ist die jeweilige Landesbauordnung zu beachten.

Rasenflächen benötigen, gerade in der Anfangszeit, eine intensive Düngung und Pflege. Bei Mehrfamilienhäusern ist die Eigentümergemeinschaft häufig noch nicht ausreichend organisiert, so

dass man diese Arbeiten ggf. mit vergeben sollte. Auch der Einbau eines Rollrasens kann sinnvoll sein.
Bei den zunehmenden Starkregenereignissen ist bei der Geländegestaltung mitunter auch eine Entwässerung der Rasenflächen notwendig.

Ablauf in einer Beetfläche mit Pflastereinfassung

Einläufe in Beet- oder Rasenflächen sollten z.B. mit Pflaster eingefasst werden.
Häufige Streitpunkte sind Steine im Mutterboden, die gerade nach Regenfällen an die Oberfläche kommen. Hier sollte man sich ggf. im Vorfeld über die Qualität abstimmen. Gesiebter Mutterboden wird häufig kaum zu bezahlen sein.

Die Abnahme

Bevor Sie in Ihrem Haus/Ihrer Wohnung Eigenleistungen vornehmen oder Ihr(e) Haus/Wohnung beziehen, ist eine Abnahme erforderlich. Andernfalls verlieren Sie ggf. Gewährleistungsansprüche. Dies kann auch passieren, wenn Sie notwendige Wartungsarbeiten (z.B. der Heizungsanlage) von Firmen ausführen lassen, die die Anlage nicht erstellt haben.
Von dieser Abnahme ist ein Protokoll zu erstellen. In diesem Protokoll sind alle vermeintlichen Mängel aufzunehmen, unabhängig

davon, ob Einigkeit darüber besteht, ob es sich wirklich um Mängel handelt. Die betroffenen Parteien können dazu später Stellung beziehen. Die Mängel, sofern es sich um solche handelt, werden dadurch nicht anerkannt.
Natürlich kann man auch einen Sachverständigen hinzuziehen. Man sollte jedoch darauf achten, dass dieser praktische Erfahrung hat. Gutachter, die überwiegend für Gerichte tätig sind, verunsichern die Bauenden häufig nur und erhöhen das Risiko einer gerichtlichen Auseinandersetzung, an der in den meisten Fällen niemandem gelegen sein sollte.
Ein Sachverständiger, der regelmäßig selber vergleichbare Baustellen leitet, ist häufig der bessere Ratgeber, weil er beide Seiten kennt und eher versucht, zu vermitteln.

Maßnahmen nach dem Einzug

Neubauten sind nach dem Bezug meist noch sehr feucht. Erfahrungen zeigen, dass es 2 Jahre und länger dauern kann, bis die Baufeuchtigkeit entwichen ist.
In den Übergangszeiten im Frühjahr und Herbst häufen sich daher die Klagen über Schwitzwasser- und Schimmelbildung.
Woran liegt das und wie kann man dem begegnen:
Es gibt 2 physikalische Regeln zu berücksichtigen: schwere, massive Bauteile speichern Temperaturen länger als leichte Bauteile und kalte Luft kann weniger Feuchtigkeit aufnehmen als warme.
Tagsüber sind die Temperaturen normalerweise höher als nachts. Die Luft ist also tagsüber in der Lage, viel Feuchtigkeit aufzunehmen, muss diese Feuchtigkeit nachts aber, wenn sich die Luft wieder abkühlt, wieder abgeben. In der Natur kann man das morgens an nassen Wiesen und dem verstärkten Auftreten von Nebel beobachten.
In Gebäuden schlägt sich diese Feuchtigkeit, wenn man sie ins Haus lässt, an den kältesten Bauteilen nieder. Dies sind in der Regel die Außenecken der Wände, da diese außen eine größere Oberfläche aufweisen als die Innenseite und diese durch den relativ größeren Anteil der Wärme abgebenden Außenfläche als erstes auskühlen (theoretisch müssten Außenecken daher dicker gedämmt werden, was praktisch natürlich nicht passiert). Auch der Luftwechsel ist in diesen Teilen der Räume geringer. Bei äl-

teren Fenstern können auch diese betroffen sein, bzw. die Innenseiten der Öffnung, die sogenannten Fensterleibungen, da auch hier die Wärme vergleichsweise schneller abgeführt wird, als auf den übrigen Flächen des Raumes.
Wenn das Haus über einen Keller verfügt, sind die häufig nicht gedämmten Kelleraußenwände (und hier wieder verstärkt die Raumecken) und die einfach verglasten Kellerfenster besonders gefährdet.
Feuchtigkeit entsteht außerdem während der Nutzung (meist in den Küchen, Bädern und Schlafräumen).
Dauerhafte Feuchtigkeit und die damit verbundene Schimmelbildung können gesundheitsschädlich sein.
Moderne Häuser sind heute weitestgehend luftdicht gebaut. Die Feuchtigkeit kann also nur durch Lüftung wieder beseitigt werden, sofern die Raumluft nicht so warm ist, dass sie in der Lage ist, sie vollständig aufzunehmen.
Ein ausreichender Luftwechsel ist durch manuelle Fensterlüftung theoretisch nicht möglich, da die erforderlichen Luftwechselraten praktisch nicht eingehalten werden können. Daher ist eine kontrollierte Lüftung über eine Lüftungsanlage heute üblich. Tatsächlich kommt es aber trotzdem nicht automatisch zu Schäden, wenn auf eine Lüftungsanlage verzichtet wird, aber regelmäßig morgens und abends gelüftet wird. Umgekehrt ist eine Lüftungsanlage keine Garantie dafür, dass Schimmelbildung vermieden wird, wenn nicht auch ausreichend geheizt wird oder mehr Luftfeuchtigkeit anfällt als berechnet (z.B. wenn sich ungewöhnlich viele Personen bei einer Feier für längere Zeit im Raum aufhalten, ohne dass manuell gelüftet wird).
Deshalb sollte akut anfallende Feuchtigkeit (die beim Kochen und Duschen entsteht, womöglich auch durch Wäsche, die in den Innenräumen zum Trocknen aufgehängt wird, was unbedingt zu vermeiden ist, da die Luftfeuchtigkeit dann in der Regel im Raum immer höher ist als draußen) sofort durch gezielte Lüftung abgeführt werden.
Da man kalte (trockene) Luft, im Austausch für die feuchtwarme Luft, in den Räumen benötigt, sollte man nur morgens und abends lüften, dafür aber die gesamte Raumluft austauschen, was am besten durch ein vollständig geöffnetes Fenster oder Querlüftung innerhalb 15-30 Minuten zu erreichen ist (gekippte Fenster lüften praktisch gar nicht, sondern kühlen nur die angrenzenden Bauteile aus und sorgen somit ggf. sogar für eine Verschlechterung der Zustände, da die kalten Bauteile bei einer

anschließenden Aufheizung eher zur Schwitzwasserbildung neigen). Nach dem Lüften muss die kalte, trockene Luft soweit erwärmt werden, dass Sie wieder in der Lage ist, Feuchtigkeit aufzunehmen. Unbeheizte Räume sind daher besonders gefährdet, wenn sie mit feuchtwarmer Luft in Verbindung kommen.
Außerdem sollte man Möbel, zumindest in der Anfangszeit, nach dem Bezug des Hauses, soweit von kalten Bauteilen abrücken, dass die Luft dahinter auch ausgetauscht werden kann (mind. 2-3 cm, besser 5-10 cm).
Auch wenn der Bau bereits vollständig ausgetrocknet ist, kann es bei plötzlichen Temperaturwechseln an Bauteilen, deren Temperatur sich nicht schnell genug anpassen kann, zur Schwitzwasserbildung kommen. Dies ist unter Balkonkragplatten, in Laubengängen oder Tiefgaragen zu beobachten. Da es sich hier um untergeordnete Bereiche handelt, werden solche selten auftretenden Erscheinungen üblicherweise hingenommen.
Ein häufiger Streitpunkt sind verkratzte Fensterscheiben. Einige der Kratzer entstehen bei der ersten Reinigung der Scheiben, weil hartnäckige Verschmutzungen häufig mit ungeeigneten Hilfsmitteln (Rasierklingen, Ceranfeldreinigern) beseitigt werden. Das Kratzmuster lässt Rückschlüsse auf die Entstehung zu. Tiefe Kratzer sind meist auf Beschädigungen während der Bauzeit zurück zu führen, während viele feine Kratzer eher bei unsachgemäßer Reinigung entstehen. Verkratzte Scheiben müssen in aller Regel gewechselt werden, sofern die Kratzer nicht im Randbereich, außerhalb des Sichtfeldes liegen oder bereits aus geringer Entfernung und bei bedecktem Himmel nicht mehr wahrgenommen werden.
Auch Verunreinigungen (Tropfenmuster), die sich mit üblichen Mitteln nicht entfernen lassen, treten mitunter auf. Die Ursache dafür ist ungeklärt. Man vermutet, dass lösliche Teile der angrenzenden Baustoffe durch Regen auf die Scheibe gelangen und dort verkrusten. Diese sollte man vom Profi (Fensterputzer) mit geeigneten „weichen" Klingen entfernen lassen.
Auftretende Mängel sind grundsätzlich, so früh wie möglich, den zuständigen Stellen (dem Auftragnehmer, also dem Bauträger, der von Ihnen, im Zuge eines Architektenbaus, beauftragten Handwerksfirma und/oder dem Architekten) anzuzeigen. Unter Vorgabe einer angemessenen Frist sollte eine Nachbesserung verlangt werden. Grundsätzlich besteht fast immer das Recht auf Nachbesserung. Die Fristen können sehr unterschiedlich sein. Wenn Gefahr im Verzuge ist oder die Mängel Sie unverhältnismäßig bei der Nutzung Ihres Eigentums einschränken, können

sie sehr kurz sein, andernfalls sollte man den Handwerkern mindestens 14 Tage oder mehr Zeit geben.
Wenn es der Mangel zulässt, sind großzügige Fristen in der Regel sinnvoller.
Übrigens ist nicht jede Abweichung von den gängigen Regeln automatisch ein Mangel. Viele Vorschriften können mit dem Tempo des technischen Fortschritts nicht immer Schritt halten. Vielmehr muss eine Einschränkung hinsichtlich der Gebrauchstauglichkeit, Lebensdauer oder ein erhöhter Wartungsaufwand vorliegen. Ist die abweichende Ausführung gleichwertig, liegt in der Regel kein Mangel vor. Natürlich gibt es auch optische Mängel, die die Gebrauchstauglichkeit nicht beeinträchtigen. Hier sollte man fast immer eine außergerichtliche Einigung in Form einer angemessenen Minderung suchen, sofern der Aufwand für die Beseitigung nicht unerheblich oder der optische Mangel unzumutbar ist.

Der Altbau (Wohnung/Haus)

Der Zustand von Altbauten ist so unterschiedlich, dass sich dazu nur wenige allgemeingültige Aussagen machen lassen. Ich beschränkte mich daher auf wesentliche, häufig anzutreffende Zustände.

Grundsätzlich würde ich empfehlen, bei einer Wohnungs-/Hausbesichtigung einen oder mehrere Fachleute mitzunehmen.
Eine große, aber kaum genutzte Erleichterung bei der Beurteilung von Altbauten bietet der Energieausweis, wenn er auch nicht immer aussagekräftig ist, weil er häufig verbrauchsabhängig ausgestellt wird und sich die Werte nutzerabhängig stark unterscheiden können, aber in der Regel vermittelt er dem Käufer einen Eindruck, ob das Gebäude eher viel oder weniger Energie verbraucht.
Häuser, die vor der Ölkrise 1973 gebaut wurden, verbrauchen, sofern sie nicht zwischenzeitlich saniert wurden, erheblich zu viel Energie. Davon gibt es in Deutschland immer noch erstaunlich viele. Wenn an diesen Häusern auch sonst nichts getan wurde, stellt sich immer die Frage, ob sie erhaltenswert sind. Häuser, die ab den 1990er Jahren gebaut wurden, erfüllen immer noch wesentliche Anforderungen.
Die heutigen Anforderungen gehen vielen Fachleuten zu weit.

Zunächst sollte der Grundriss natürlich den eigentlichen Bedürfnissen überwiegend entsprechen oder durch überschaubaren Aufwand in einen entsprechenden Zustand versetzt werden können. Jede Änderung führt zu zahlreichen Folgemaßnahmen.
Lassen sich neue Wände häufig vergleichsweise unproblematisch in Trockenbauweise herstellen (hier muss meistens nur die Elektroinstallation angepasst werden), ist der Abbruch von vorhandenen Wänden ungleich aufwendiger. Die Fehlstelle im Fußboden muss ergänzt werden. Nach dem Abbruch können unterschiedliche Höhen der beiden angrenzenden Böden auftreten, die man im Vorfeld nicht erkennt und im ungünstigsten Fall den Austausch von einem der Fußbodenaufbauten in den beiden angrenzenden Räumen zur Folge haben.

In vielen Fällen ist eine Komplettsanierung unwirtschaftlich, wenn man nicht durch erhebliche Eigenleistungen Geld sparen kann.
Häufig bleiben nur die Wände stehen. Alle übrigen Gewerke werden mehr oder weniger bei der Sanierung benötigt. Bevor diese zum Einsatz kommen, müssen die vorhandenen Einbauten jedoch aufwendig und teuer zurückgebaut werden. Die Kosten dafür und die erheblich höheren Kosten im Zuge der Sanierung im Vergleich zum Neubau, übersteigen dann häufig die eingesparten Rohbaukosten.
In fast allen Fällen bleiben auch nach einer vollständigen Sanierung Mängel zurück, die sich nicht mit vertretbarem Aufwand beseitigen lassen. Dazu gehört beispielsweise fehlender Trittschallschutz, ggf. auch ungedämmte Bodenflächen bei nicht unterkellerten Gebäuden, Wärmebrücken an verschiedenen Stellen (z.B. Übergänge von Wänden zu ungedämmten Bodenflächen), verbleibende, bereits gealterte Materialien, geringe Raumhöhen im Keller usw.

Undichte Keller sind bei Altbauten der Regelfall, häufig auch mit defekten, außenliegenden Kellerabgängen, die sich nur mit erheblichem Aufwand sanieren lassen. Sofern sich die Schäden in Grenzen halten, bleiben solche Keller meistens unsaniert.

Altbauten bieten gegenüber Neubauten aber auch häufig Vorteile. Die Häuser stehen in einer gewachsenen Umgebung, man kann seine Nachbarn vorher kennenlernen, viele Häuser haben schöne Gärten, die bei Neubauten Jahre bräuchten, um einen vergleichbaren Zustand zu erreichen, bis hin zum unverwechselbaren Charme vieler Häuser, die Neubauten erst entwickeln müssen.

Ungedämmter Fußboden eines nicht unterkellerten Gebäudes, Lagerhölzer, meist auf Asche, Sand oder Ziegelsteinen verlegt, hier kann geeignete, geschlossenzellige Dämmung eingeblasen werden

Manchmal stellt sich die Frage nach dem Erhalt der Gebäude jedoch nicht, weil der Gesetzgeber die Objekte bereits unter Denkmalschutz gestellt hat oder ein Abbruch der Gebäude zur Folge hätte, dass an gleicher Stelle nicht wieder gebaut werden dürfte. Dies sollte in jedem Fall vor dem Kauf abgeklärt werden.
Bei denkmalgeschützten Häusern ist die Wirtschaftlichkeit noch häufiger nicht gegeben, zumal bei solchen Objekten nicht frei entschieden werden kann, wie saniert wird. Der Denkmalpfleger

hat immer ein Mitspracherecht und ist nicht selten völlig anderer Auffassung als der Eigentümer. Diese Häuser sind eher etwas für Liebhaber mit entsprechenden finanziellen Möglichkeiten.

In solchen Altbauten ist ggf. auch ein Mundschutz sinnvoll. Massiver Schimmelpilzbefall kann zu gesundheitlichen Beeinträchtigungen führen.
Bei den übrigen Häusern sind es auch häufig emotionale Gründe, die für einen Erhalt sprechen. Dies kann die Geschichte des Hauses sein (z.B. ein langjähriger Familienbesitz), besondere Fassaden, Grundrisse oder Ausstattungen, die sich heute nur mit erheblichem Aufwand in vergleichbarer Qualität herstellen ließen, wie Mosaikböden, Stuck, aufwendige Parkettböden, Rundbögen, Schiebetüren, Treppen usw.

Die Sanierung dieses Hauses war unter wirtschaftlichen Gesichtspunkten nicht möglich, auch wenn der äußerliche Eindruck einen anderen Eindruck vermittelt. Innen sah es dann an vielen Stellen wie auf dem nachfolgenden Foto aus

Erhebliche Schimmelschäden

Erhaltenswerter Mosaikboden

Wenn die Häuser bereits saniert wurden, kommt es darauf an, was gemacht wurde und in welchem Umfang. Der Austausch von einfach verglasten Fenstern durch isolierverglaste Kunststofffenster stellt häufig keine wesentliche Wertsteigerung dar, da hier lange Zeit viel zu wenig Wert auf den Erhalt der Architektur gelegt wurde.
Kleinteilige Holzfenster, z.T. mit aufwendigen Sprossenteilungen oder Bleiverglasungen wurden durch 1-flügelige Kunststofffenster mit breiten Rahmen ersetzt. Wenn das in den Jahren vor 1990 passierte, haben die Fenster ihre besten Zeiten ohnehin schon wieder hinter sich und ihre Dämmeigenschaften sind mit denen heutiger Neubauten überhaupt nicht zu vergleichen.

Fenster sind daher fast immer eine lohnende Investition, allerdings sollte man prüfen, ob im Rahmen einer Fenstersanierung ohne Dämmung der Außenhülle nicht auch gleich die größten Wärmebrücken in den Leibungen durch den Einbau von Innendämmung (z.B. aus Kalziumsilikat- oder Mineraldämmplatten) beseitigt werden sollten.

Originalfenster mit kleiner Teilung und Isolierverglasung, trotzdem sanierungsbedürftig

Rollladenkästen, sofern vorhanden, sind häufig nicht isoliert. Hier lässt sich, sofern ausreichend Platz vorhanden ist, noch eine nachträgliche Dämmung vornehmen. Dies gilt auch für die meisten Bodentreppen.

Ungedämmte Bodentreppe

Eine relativ neue Heizungsanlage führt auch nur dann zu einer Wertsteigerung, wenn die Gebäudehülle vorher ebenfalls zeitgemäß gedämmt wurde, andernfalls muss man damit rechnen, dass die Anlage nach einer noch ausstehenden Sanierung der Gebäudehülle nicht sinnvoll ausgelegt ist.
Ansonsten lässt sich mit dem ohnehin überfälligen Austausch der Heizungsanlage (in den meisten Fällen nach 30 Jahren vorgeschrieben) schon eine beachtliche Menge Energie einsparen.
Im Zuge einer Sanierung wird dann die weit verbreitete Ölheizung durch eine andere Anlage ersetzt. Dazu müssen die alten Tanks teilweise teuer entsorgt werden, schaffen aber auch wieder neuen Raum, sofern sie im Keller aufgestellt sind.

Elektroinstallationen, bei denen man im Sicherungskasten nur eingeschraubte Porzellansicherungen entdeckt, benötigen in der Regel eine Komplettsanierung mit allen Folgearbeiten, wie den Nach-, wenn nicht sogar Neuverputz der Wände und die nachfolgenden Malerarbeiten.

Diese Elektroanlage wurde vollständig erneuert

Aber auch, wenn hier bereits etwas getan wurde, muss die Elektroinstallation in den meisten Fällen den Bedürfnissen der neuen Eigentümer angepasst werden.
Heizungsleitungen und alte Gliederheizkörper, können in älteren Häusern, wenn keine nennenswerten Leckagen aufgetreten sind, häufig erhalten werden, Trinkwasserleitungen eher nicht. Bei den Abwasserleitungen muss man, je nach Zustand, im Einzelfall entscheiden.
Fast immer müssen, wenn nicht bereits zeitnah geschehen, die Bäder komplett saniert werden. Dies geschieht sogar bei Bädern von Häusern aus den 90er Jahren, weil die Ausführung nicht mehr dem Zeitgeist entspricht (technisch ist das nicht immer notwendig). Das gilt auch für die meisten Innenfensterbänke.

Ein technisch intaktes Bad, aber nicht mehr dem Zeitgeist entsprechend

Eine technisch intakte Tür, aber nicht mehr dem Zeitgeist entsprechend, mit Schwelle (Stolperkante)

Ähnlich verhält es sich bei den Innentüren, wenn diese nicht besonders hochwertig sind und z.B. aus der Gründerzeit Ende des 19. Jahrhunderts stammen.

Manche Treppen sind sehr steil und haben keine ausreichenden Auftrittsflächen und Geländerhöhen, um sie für Kinder oder ältere Leute sinnvoll nutzen zu können.
Neue Fußbodenbeläge und Malerarbeiten werden ohnehin bei jedem Altbau anfallen, selbst wenn es sich um die beliebten Dielen- und Parkettböden handelt. Auch diese benötigen häufig eine Überarbeitung.

Sehr aufwendig ist häufig die Sanierung der Gebäudehülle.
Häufig ist sie ohne einen Austausch der Fenster gar nicht möglich. Bei Putzbauten kann man ggf., mit allen schon beschriebenen Vor- und Nachteilen, auf ein Wärmedämmverbundsystem zurückgreifen. Die Dämmung muss dann allerdings auch konsequent von allen 4 Seiten an die Fenster geführt werden, was im Normalfall eine Reduzierung der Fensterfläche und eine Erhöhung der Wanddicke zur Folge hat.
Auch bei fehlenden Dachüberständen sind umfangreiche Anpassarbeiten erforderlich.
Bei Verblendbauten ist eine Außendämmung ungleich schwieriger, wenn man nicht auch hier ein Wärmedämmverbundsystem verwendet, ggf. mit Klinkerriemchen, um den Charakter des Hauses zu erhalten.

Es ist auch möglich, sofern vorhanden, die Luftschicht der Außenwand nachträglich mit Dämmung zu füllen.
Dieses Verfahren ist vergleichsweise preiswert, aber nicht optimal. Es verbleiben zahlreiche Wärmebrücken (Bereiche, an denen die Wärme schneller als an übrigen Flächen nach außen transportiert wird) im Bereich der Fensterleibungen, ggf. im Bereich von Heizkörpernischen und durch weitere einbindende Bauteile.
Durch eine thermografische Aufnahme kann man prüfen, welche Bereiche ungedämmt geblieben sind. Diese Option besteht auch bei vielen Putzbauten.

Wärmedämmverbundsystem (Teilflächen mit Klinkerriemchen)

Nicht gedämmte Hohlschicht in einem Haus aus den 1960er Jahren. Deutlich sind die Mörtel-/Wärmebrücken auf der linken Seite zu erkennen

Natürlich kann man auch eine neue Verblendschale mit dahinterliegender Dämmung erstellen. Dazu benötigt man Fundamente, die Wände werden sehr dick und die Fenster müssen sinnvollerweise hinter den neuen Verblender verlegt werden.
Auch eine Innendämmung ist grundsätzlich möglich, bauphysikalisch aber nicht unbedenklich. Der sogenannte Taupunkt (der Punkt, bei dem Wasserdampf bei bestimmten Temperaturen in flüssiges Wasser übergeht) wird dabei verschoben und kann in ungünstigen Fällen zu Bauschäden führen.
Für derartige Arbeiten sollte man sich von den ausführenden Firmen vorher Referenzen geben lassen, mit denen sie ihre Erfahrungen bei vergleichbaren Sanierungen nachweisen.
Für Innendämmungen sind aus den genannten Gründen nur bestimmte Materialien bzw. Wandaufbauten geeignet. Natürlich geht durch eine Innendämmung auch Fläche verloren und die Problematik mit den einbindenden Bauteilen (Decken, Querwände) bleibt ebenfalls bestehen. Diese können Wärmebrücken bilden, die Schäden (z.B. Schimmelbildung) nach sich ziehen und für einen erhöhten Energieverbrauch sorgen. In jedem Fall sollte man bei Innendämmungen einen Bauphysiker hinzuziehen.

Auch die nachträgliche Dämmung der Dächer ist nicht ganz einfach. In den meisten Fällen haben die Sparren nur den statisch erforderlichen Querschnitt von ca. 8/12 cm, so dass die gesetzlich erforderlichen Dämmstoffdicken, die auch bei Sanierungsmaßnahmen beachtet werden müssen, nicht eingebaut werden können. Hier kann man sich ggf. noch mit einer Unter- oder Aufsparrendämmung helfen, sofern die Statik das zulässt. Das hängt davon ab, ob die Dacheindeckung im gleichen Zuge erneuert werden soll, was in den meisten Fällen sinnvoll ist, auch wenn die Dächer häufig noch einen vergleichsweise guten Eindruck machen. Alte Dacheindeckungen haben in der Regel einen Mörtelverstrich auf der Rückseite, der in vielen Fällen bereits Lücken aufweist. Eine Unterspannbahn und eine Konterlattung fehlen üblicherweise.
Auch bereits sanierte Dächer mit einer Unterspannbahn dürfen nicht in jedem Fall voll gedämmt werden, wenn diese nicht diffusionsoffen ist (mit Gitternetzen verstärkte Kunststofffolien), was frühestens bei Bahnen der Fall ist die ab Mitte der 90er Jahre eingebaut wurden.
Da Dacheindeckungen grundsätzlich hinterlüftet werden sollen, ließe sich der 12 cm hohe Sparren dann nicht einmal voll dämmen, weil sonst keine Hinterlüftung mehr möglich ist.

Hohlziegel mit weitgehend intaktem Mörtelverstrich, kleiner Sparrenquerschnitt

Nicht für den nachträglichen Einbau einer Dämmung geeignete Unterspannbahn im vollen Sparrenquerschnitt (nicht diffusionsoffene Unterspannbahn mit Gittergewebe)

Da in Altbauten üblicherweise keine Dampf- und Windbremsen eingebaut wurden, sind diese nachträglich von außen einzubauen. Alte, meist ohnehin unbrauchbar gewordene Dämmung, ist zu entfernen.

Für die Dampfbremse eignet sich nicht jedes Material, da diese über den Sparren verlegt werden müssen. Vorhandene bzw. in die Dachkonstruktion eindringende Feuchtigkeit muss, wie bei den diffusionsoffenen Unterspannbahnen, schadlos entweichen können, gleichzeitig soll aber die Dämmung vor Feuchtigkeit aus den Innenräumen geschützt werden.

Altbaudach, keine Unterspannbahn/Konterlattung, gesteppte, eingefallene Dämmung

Dafür gibt es speziell entwickelte Dampfbremsen.
Wird die Dacheindeckung erhalten, müssen die Dächer raumseitig geöffnet werden. Auch in diesem Fall sind Dampfsperren einzubauen. Undichtigkeiten durch die fehlende Windbremse in Altbauten wirken sich bei einer energetischen Aufrüstung der Häuser nachteilig aus.

Merke: Je besser die Bauten gedämmt werden, umso nachteiliger wirken sich Schwachstellen (Undichtigkeiten in der luftdichten Hülle und Wärmebrücken) aus.

In jedem Fall sollte ein Statiker hinzugezogen werden, wenn die Dachkonstruktionen durch zusätzliche Konstruktionen für den erweiterten Einbau von Dämmung verändert werden.
Schornsteine wurden früher gerne aus Verblendmauerwerk erstellt. Verblendmauerwerk ist jedoch nicht wasserundurchlässig und leitet daher Wasser unter die Dachfläche. Solche Schornsteine sollten, soweit möglich, zurückgebaut oder mit einer Verkleidung (zum Beispiel aus Blech oder Fassadentafeln/Naturstein, z.B. Schiefer) versehen werden.

Sehr aufwendig zu sanieren sind auch fast immer undichte Balkone und Dachterrassen, zumal wenn die häufig verwendeten Fliesenbeläge im Mörtelbett verlegt wurden. Hier kommt es meist zu Frostschäden. Dachterrassen sind in der Regel auch nicht gedämmt, so dass bei einer Sanierung die Anschlusshöhen an den Balkon/Terrassentüren nicht mehr ausreichen.

Undichte Dachterrasse ohne ausreichendes Gefälle, Decke ungedämmt

Bei Sanierungen muss man immer mit unvorhergesehenen Kosten rechnen. Nicht alles lässt sich im Vorfeld erkennen. Vereinzelt können sich Mehrkosten im 5-stelligen Bereich ergeben.
Sanierungen sind somit sehr aufwendig und selten wirtschaftlich.
Interessanterweise zwingt der Staat zwar jeden Bauenden dazu, bei Neubauten zum Teil überzogene Vorschriften zu beachten, den Käufer einer Altbauimmobilie jedoch nicht. Er wird lediglich aufgefordert, bei Sanierungsmaßnahmen bestimmte Vorgaben einzuhalten, was häufig nur schwer möglich ist, in der Regel nicht kontrolliert und deshalb selten eingehalten wird.
Selbst die ehemalige Bundesbauministerin Barbara Hendricks hat ihr Privathaus nicht vollständig saniert. Sie ließ zwar eine neue Heizung einbauen und das Dach abdichten, die Außenwände rührte sie jedoch nicht an, wie der Spiegel in seiner Ausgabe 49/2014 zu berichten wusste.

Den Wert eines Hauses/einer Wohnung bestimmt immer noch der Markt. Dieser kann regional sehr unterschiedlich sein. Häufig ist die Lage entscheidender als der Zustand der Immobilie.
Die Lage drückt sich üblicherweise im Grundstückswert aus. Dieser sollte ermittelt und vom Kaufpreis abgezogen werden, um den Preis der Immobilie anschaulicher zu machen. Bei Häusern, bei denen sich eine Sanierung nicht lohnt, müssen dann noch die Abbruchkosten berücksichtigt werden, die auch sehr unterschiedlich ausfallen können. Das hängt beispielsweise davon ab, ob in dem Objekt Materialien verbaut wurden, die als Sondermüll entsorgt werden müssen (z.B. Astbest), oder Böden verunreinigt wurden.
Bei zu sanierenden Häusern sollte man von einem Fachmann die zu erwartenden Kosten schätzen lassen.
Wenn diese zusammen mit dem Preis der Immobilie höher liegen als ein vergleichbarer Neubau, würde ich normalerweise den Preis nachverhandeln oder auf den Erwerb verzichten (wie gesagt, Liebhaberobjekte sind von der Wirtschaftlichkeit ausgenommen).

Vor dem Kauf einer Eigentumswohnung wäre außerdem zu klären, ob die Eigentümergemeinschaft in absehbarer Zeit Sanierungsmaßnahmen, die nicht einmal die zum Kauf stehende Wohnung betreffen müssen, geplant hat, da diese bei Gemeinschaftseigentum auch den Käufer der Wohnung belasten. Dies kann zu bösen Überraschungen führen.

Checklisten:

Bauträgercheck

O Beschäftigt der Bauträger einen Architekten?

O Werden im Zusammenhang mit der „Technischen Ausrüstung" Fachplaner beauftragt?

O Welche Qualifikation hat der Bauleiter. Wie regelmäßig überwacht er die Baustelle?

O Werden Ausführungspläne im Maßstab 1:50 und Details erstellt?

O Referenzen geprüft?

O Sind die Angebote vergleichbar mit anderen Anbietern?

Grundstückscheck

O Liegt ein Bodengutachten vor?

O Ist die Ausrichtung des Grundstücks geeignet?

O Weist das Grundstück Gefälle auf, wenn ja, gibt es einen Höhenplan?

O Sind negative Einflüsse aus der Umgebung zu berücksichtigen?

O Wie ist das Grundstück nutzbar?

O Ist der Abstand zu Nachbargrundstücken ausreichend?

Bauleistungscheck

Sind die nachfolgenden Leistungen im Angebot des Bauträgers, soweit gewünscht, enthalten?

O Gäste-WC?

O Barrierefreie Dusche (mit/ohne Wanne)?

O Barrierefreie Türen (auch Balkon- und Terrassentüren)

O Ausreichend große Abstellräume?

O Terrassentrennwand/ein Windschutz?

O Entwässerungsleitungen außerhalb des Hauses (bei Einfamilienhäusern)?

O Maler- und Bodenbelagsarbeiten?

O Außenanlagen?

O Zähler (bei Eigentumswohnungen)?

O Garagen/Stellplätze in ausreichender Stückzahl?

O Elektrische Rollläden?

O Dacheindeckung mit Tonpfannen bzw. besondere Farbe oder Beschichtung, größere Dachüberstände?

O Farbige Fenster, Sicherheitsbeschläge, andere Haustür, Schiebetüren, barrierefreie Schwellen?

O Dachüberstände mit Kunststoffverkleidungen?

O Fliesenhöhen ausreichend, zusätzliche geflieste Böden, Bordüren, andere Fensterbänke etc.?

O Sanitärobjekte nach Wunsch, Außenzapfhähne, Duschtrennwände, Badheizkörper, Ausgussbecken?

O Ergänzungen der Elektrotechnik, z.B. Einbaustrahler, Leuchten, vernetze Rauchmelder, SAT- Schüssel, Bewegungsmeder, Sprechanlagen, Datendosen etc.?

O Zusätzliche Dachflächenfenster?

O Schiebetüren, Ganzglastüren, andere Türbreiten?

O Erforderliche Hausanschlüsse berücksichtigt (z.B. Kabelanschluss, falls benötigt)?

O Wasserundurchlässiger, ggf. gedämmter Keller (bei ungedämmten Kellern Metalltürblätter)?

O Spitzbodentreppe und -Belag?

O Konventioneller Anhydritestrich auf Fußbodenheizung (kein Fließestrich!)?

O Entsprechen die angebotenen Leistungen den Erwartungen oder sind Änderungen mit Mehrkosten zu erwarten?

O Welche Leistungen fehlen sonst noch in der Bauleistungsbeschreibung?

O Wird der Tiefgaragenboden beschichtet?

O Bekommt die Fertiggarage einen Spritzschutzstreifen und ein Dachrandprofil?

Planungscheck

O Ist eine offene/geschlossene Küche geplant werden (was ist vorgesehen)?

O Ist der Balkon/die Terrasse groß genug (mind. 2,50/2,50 m)?

O Ist im Schlafzimmer Platz für 3,00 m Schrank (unter Berücksichtigung von Putz und Sockelleisten)?

O Lässt sich im Eingangsbereich eine Garderobe unterbringen?

O Sind in den Plänen Installationsschächte bereits eingezeichnet, wenn nein, wo und in welcher Größe sind Schächte zu erwarten?

O Über welche Topografie verfügt das Grundstück? Sind Mehrkosten durch eine ggf. vorh. Hanglage enthalten (bei Außenanlagen auch evtl. Abfangungen mit Winkelstützen...)?

O Sind die Schallschutzmaßnahmen benannt und ausreichend?

O Sind ausreichend breite Flure, Türen und Bewegungsflächen für Barrierefreiheit, Fenster mit Unterlicht geplant?

O Welche Heizungsanlage ist geplant?

O Welche nutzerunabhängige Lüftungsanlage ist vorgesehen?

O Welche verbindlichen Termine werden vereinbart?

O In welcher Höhenlage wird das Gebäude errichtet?

O Lässt sich die Baugrube für den Keller ohne zusätzliche Maßnahmen (z.B. Spundwände, aufwendige Wasserhaltung) herstellen?

O Werden Kellerlichtschächte druckwasserdicht angeschlossen, wenn das Bodengutachten Grundwasserstände oberhalb der Kellerfensterbrüstungen nicht ausschließen kann?

O Was für Material ist für die Außenwände geplant? Sind bei Wärmedämmverbundsystemen Brandschutzmaßnahmen notwendig?

O Haben Tiefgaragenzufahrt und Stellplätze die erforderlichen Abmessungen?

O Hat der Carport eingerückte Stützen

Ausführungscheck:

Vor Baubeginn:

O Wurde die Gestaltung der Dachüberstände (Sparren und Pfettenköpfe, sofern sichtbar, Farbe etc.) abgestimmt?

O Wurden elektrische Deckenleitungen rechtzeitig festgelegt?

O Wurden die Fliesen, Innentüren, Sanitärobjekte, Schalterprogramm (ggf. auch später möglich) bei 1-Familienhäusern Dachziegel, Putz/Putzfarben, Verblender rechtzeitig ausgewählt?

O Wurden die Fensterteilungen (lose/feste Pfosten bei 2-flügeligen Fenstern), die Schlagrichtung der Fensterflügel, die Lage der Gurtwickler/Rollladenschalter und evtl. gewünschte Sicherheitsbeschläge festgelegt?

O Wurde die Lage der Küchenspüle (bei Lage vor dem Küchenfenster auch Höhe der Küchenarbeitsplatte) abgestimmt?

O Wurden die Türschlagrichtungen abgestimmt?

O Wurde die Lage und Größe der Lüftungsöffnungen abgestimmt?

O Wurde die Lage von Heizkörpern (soweit geplant) abgestimmt?

Während der Bauphase:

O Wurden die Kellerfenster (sofern vereinbart) druckwasserdicht angeschlossen?

O Wird das Wärmedämmverbundsystem (sofern geplant) nach den Estricharbeiten begonnen (sonst ist ggf. mit erhöhter Feuchtigkeit zu rechnen)?

O Wurden wärmedämmende Isokimmsteine oberhalb der, unterseitig nicht gedämmten, Boden -/Deckenplatte zu nicht beheizten Kellerräumen eingebaut?

O Wurden horizontale Isolierschichten oberhalb der Bodenplatte im Mauerwerk eingebaut?

O Wurden die Außenwände mind. 30 cm oberhalb der späteren Geländeoberfläche und bis auf das Fundament/die Kellerwände abgedichtet?

O Wurden die festgelegten, elektrischen Deckenleitungen eingebaut?

O Wurde ein Meterstrich in jeder Etage verbindlich und dauerhaft gekennzeichnet (z.B. durch Kunststoffplättchen)?

O Wurden die Türbreiten und -höhen eingehalten?

O Wird das Verblendmauerwerk (sofern vereinbart) ausreichend vor Feuchtigkeit geschützt?

O Wurden die bodenlangen Fenster im Sockelbereich abgedichtet?

O Wurden oberhalb von Anbauten Z-Folien im Verblendmauerwerk (sofern vereinbart) eingebaut, die oberhalb vom Anbau in den Verblender eindringende Feuchtigkeit wieder nach außen leiten?

O Wurden die Außenfensterbänke unter und (bei Alubänken) hinter die Rollladenführungsleisten geführt, schließen sie dort (bei Alubänken) dicht an und stehen die Bänke an der Vorderkante ausreichend über (mind. 3 cm, besser mehr)?

O Sind evtl. vorhandene Kaltdächer (Flachdächer mit Holzschalung und unterseitig eingebauter Dämmung) ausreichend zwischen Dämmung und Schalung belüftet?

O Wurden Rinnen vor Balkon-/Terrassentüren eingebaut?

O Wurden bodenlange Fenster mit Sicherheitsglas ausgeführt?

O Wurden Griffleisten an Terrassen – und Balkontüren eingebaut?

O Wurden die Fenster winddicht abgeklebt?

O Wurde die Elektroinstallation vorbereitet, vor Ort besprochen und vor den Putzarbeiten fotografiert?

O Wurden die Brandschutzschotts eingebaut?

O Wurden alle Ver- und Entsorgungsleitungen ausreichend gedämmt?

O Wurde Anhydritestrich (sofern vereinbart) auf der Fußbodenheizung eingebaut?

O Wurde Estrichbewehrung (z.B. Glasfasern) unter Fliesenbelägen eingebaut?

O Wurden Dampfsperren unter feuchtigkeitsempfindlichen Belägen eingebaut?

O Wurde der Fußboden (bei Fußbodenheizungen) vor dem Einbau der Bodenbeläge aufgeheizt und ein Protokoll angefertigt?

O Wurden Wand- und Bodenflächen im Bad fachgerecht abgedichtet?

O Wurde ein umlaufender Estrichrandstreifen eingebaut?

O Wurde geklärt, ob Wandfliesen bei nicht Tür-hoher Verfliesung nachträglich an Türen angearbeitet werden sollen?

O Wurden ausreichend Ersatzfliesen zurückgelegt?

O Wurden die Innentüren ausgewählt und evtl. erforderliche Klimaklassen berücksichtigt?

O Sind etwaige Sonderausführungen abgestimmt?

O Wurde geklärt, ob die Wohnungstür (bei Mehrfamilienhäusern) eine Mehrfachverriegelung erhalten soll?

O Wurde geklärt, ob Stahl- oder Holzzargen eingebaut werden sollen (Stahlzargen müssen vor den Putzarbeiten eingebaut werden)?

O Wurden die Türzargen zu wischbaren Bodenbelägen elastisch versiegelt?

O Wurde (in Mehrfamilienhäusern) Wandhandlauf im Treppenhaus montiert?

O Wurden rechtzeitig Verträge mit Malern, ggf. Garten /Landschaftsbauern und Bodenlegern abgeschlossen?

O Wurde im Zuge der Außenanlage eine (bei Putzbauten kaschierte) Noppenbahn am Sockel der Außenwände eingebaut?

O Wurde eine Abnahme vor Bezug/den Eigenleistungen durchführt und dabei die Verglasungen vor/nach der bauseitigen Reinigung auf Kratzer untersucht (falls Fenster noch verschmutzt sind, Vorbehalt vermerkt)?

Nach der Abnahme

O Ist eine ausreichende Entwässerung der Außenanlage gewährleistet?

O Ist die Pflege der Außenanlagen (insbesondere bei Mehrfamilienhäusern) geregelt?

Altbaucheck

O Wie hoch ist der Grundstückswert?

O Wie hoch sind evtl. Abbruchkosten?

O Wie hoch sind die Sanierungskosten?